彩图 1　新城疫：腺胃乳头出血，
　　　　　肌胃角质层下出血

彩图 2　新城疫：肠道枣核状出血

彩图 3　新城疫：盲肠扁桃体出血

彩图 4　新城疫：卵泡出血

彩图 5　禽流感：鸡冠、肉髯发绀

彩图 6　禽流感：精神沉郁、缩颈、嗜睡

彩图 7　禽流感：眼睑肿胀，
　　　　　两眼突出，肉髯肿胀坚硬

彩图 8　禽流感：心冠脂肪出血

彩图 9　禽流感：肠道片状出血

彩图 10　禽流感：卵泡液化变性

彩图 11　禽流感：输卵管有
浆液性、黏液性物质

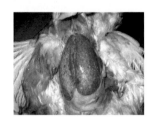

彩图 12　马立克氏病：肝脏上
出现弥漫性肿瘤

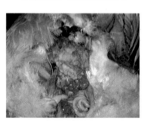

彩图 13　马立克氏病：卵巢、肾脏等
多器官出现肿瘤，卵巢肿大，如菜花状

彩图 14　马立克氏病：脾脏
肿大，出现肿瘤，实变

彩图 15　鸡传染性喉气管炎：
喉头有肉眼可见的堵塞物

彩图 16　鸡传染性喉气管炎：
有干酪样渗出物堵塞喉头、气管

彩图17 心包积液-肝炎综合征：
心包腔充满大量浅黄色液体，
肝脏肿大，表面有出血

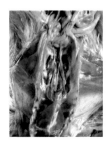

彩图18 心包积液-肝炎综合征：
肾脏肿大，表面有出血

彩图19 心包积液-肝炎综合征：
腺胃与肌胃交界处出血，肌胃糜烂

彩图20 鸡白痢：心脏表面有大小
不一的白色肉芽肿

彩图21 鸡伤寒：肝脏肿大、
坏死，呈青铜色

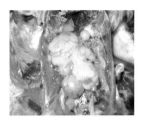

彩图22 鸡伤寒：卵泡稀薄、变性

彩图23 大肠杆菌病：肝脏坏死

彩图24 大肠杆菌病：引起大量腹水

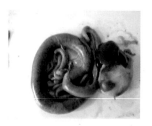

彩图 25　坏死性肠炎：小肠肠体
扩张，肠壁弹性降低

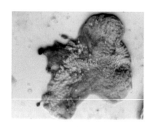

彩图 26　念珠菌病：嗉囊黏膜
表面有白色渗出物

彩图 27　组织滴虫病：盲肠粗大、硬肿，
内有大量纤维蛋白渗出，多呈香肠样凝固

彩图 28　组织滴虫病：肝脏表面
散在大量"火山口"样坏死灶

彩图 29　绦虫病：肠道内见绦虫

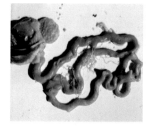

彩图 30　鸡蛔虫病：肠道内可见大量蛔虫

彩图 31　乙酰甲喹（痢菌净）中毒：
腺胃与肌胃交界处出现溃疡

彩图 32　磺胺类药物中毒：
腿肌、胸肌出血

经典实用技术丛书

鸡病诊治一本通

主　编　张元瑞　刘建柱　周　栋

副主编　张春玮　李克鑫　褚　军　佟庆东　周变华

参　编　陈宝秋　许冠龙　王德丽　宋亚芬　牛绪东

　　　　张　波　李克钦　张志浩　韩明远　颜井柱

　　　　王振峰　孙宪华　侯占民　蒋　东　王金纪

　　　　刘崇国　韩维玉　王　淼　张子月　白月峰

　　　　叶保东　李国保

机械工业出版社
CHINA MACHINE PRESS

本书的主要内容包括鸡传染病的流行与防控，鸡病的诊断与投药，鸡的免疫接种，鸡病毒性传染病、细菌性传染病、寄生虫病、代谢病、普通病和中毒病的诊治等，重点介绍了各种疾病的流行病学、临床症状、病理变化、鉴别诊断和防治措施。

本书内容丰富，言简意赅，通俗易懂，可供广大养鸡户、养鸡场员工使用，也可供基层兽医技术人员和教学、科学研究工作者参考，还可作为相关培训的教材。

图书在版编目（CIP）数据

鸡病诊治一本通/张元瑞，刘建柱，周栋主编. —北京：机械工业出版社，2021.3（2024.7重印）

（经典实用技术丛书）

ISBN 978-7-111-67473-3

Ⅰ.①鸡… Ⅱ.①张… ②刘… ③周… Ⅲ.①鸡病-诊疗 Ⅳ.①S858.31

中国版本图书馆 CIP 数据核字（2021）第 023201 号

机械工业出版社（北京市百万庄大街 22 号　邮政编码 100037）
策划编辑：周晓伟　高　伟　责任编辑：周晓伟　高　伟　刘　源
责任校对：张　力　　　　　　责任印制：单爱军
北京虎彩文化传播有限公司印刷
2024 年 7 月第 1 版第 3 次印刷
145mm×210mm·4.5 印张·2 插页·140 千字
标准书号：ISBN 978-7-111-67473-3
定价：25.00 元

电话服务　　　　　　　　　网络服务
客服电话：010-88361066　　机　工　官　网：www.cmpbook.com
　　　　　010-88379833　　机　工　官　博：weibo.com/cmp1952
　　　　　010-68326294　　金　书　网：www.golden-book.com
封底无防伪标均为盗版　机工教育服务网：www.cmpedu.com

Preface 前言

　　养鸡业作为我国畜禽业的一个重要组成部分，在丰富城乡"菜篮子"、增加农民收入、改善人民生活等方面发挥了巨大的作用。然而，集约化、规模化、连续式的生产方式使鸡病越来越多，致使鸡病呈现出老病未除、新病不断，多种鸡病混合感染，非典型性鸡病、营养代谢病和中毒性鸡病增多的态势。这不但直接影响了养鸡者的经济效益，而且在防治鸡病过程中对药物的不合理使用，已成为亟待解决的食品安全（药残）问题。在鸡病的防治中，尤其是在鸡病的诊断上，非典型病例、温和型病例的出现，特别是很多鸡病在临床上极其相似，给鸡病的诊断带来极大的困难。因此，加强鸡病的防控意义重大，而鸡病防控的前提是要对鸡病进行正确的诊断，因为只有正确诊断，才能及时采取合理、正确、有效的防控措施。

　　目前，部分鸡的饲养者认识鸡病的专业技能和知识相对不足，造成鸡场不能有效地控制鸡病，导致鸡场生产水平逐步降低，经济效益不高，甚至亏损，给养殖积极性带来了负面影响，阻碍了养鸡业的可持续发展。鉴于此，我们编写了本书，以让养鸡者全面了解养鸡过程中的鸡病诊断防治问题，做好鸡病的早期干预工作，克服鸡病防治的盲目性，降低养殖成本，获取最大的经济效益。

　　本书文字简洁、易懂，科学性、先进性和实用性兼顾，内容系统、准确、深入浅出，选用的治疗方案具有很强的操作性和合理性，可让广大养鸡者一看就懂，一学就会，用后见效。

　　需要特别说明的是，本书所用药物及其使用剂量仅供读者参考，不可照搬。在生产实际中，所用药物通用名与商品名有差异，药物规格含量也有所不同，建议读者在使用每一种药物之前，参阅厂家提供的产品说明以确认药物用量、用药方法、用药时间及禁忌等。购买兽药时，执业兽医师有责任根据经验和对患病动物的了解决定用药量及选择最佳治疗方案。出版社和编者对任何在治疗中发生的对患病动物和/或财产造成的伤害/损失不承担责任。

在本书编写过程中，参阅了一些专家、学者撰写的资料，因篇幅关系不能一一列出，谨在此表示衷心的感谢！

由于编者的水平有限，书中的缺点乃至错误在所难免，恳请广大读者和同仁批评指正，以便再版时改正。

编 者

Contents 目录

前言

鸡传染病的流行与防控

一、病原微生物

引起传染病的微小生物——病原微生物，包括病毒、细菌、支原体、真菌及衣原体。

1. 病毒

病毒一般以病毒颗粒或病毒粒子的形式存在，其直径从十几纳米到几百纳米不等且形态多样，多为圆形。

病毒复制有别于其他微生物繁殖，只能在活细胞内进行，经过吸附、穿入、脱壳、生物合成、组装和释放等步骤完成。病毒在自然界无法繁殖，但可存活数天至数百天之久，当条件适宜，病毒侵入生物机体内，又可在细胞内繁殖，引发疾病。

病毒具有耐冷怕热的特点，低温下，病毒存活时间更长，高温环境中病毒存活时间很短。不同病毒对酸、碱、紫外线及各种消毒剂有不同的耐受力，大多数病毒不耐受碱和长时间日光直射。

2. 细菌

细菌是一类单细胞微生物，需经过染色，才能在光学显微镜下观察到。细菌有球状、杆状、螺旋状3种基本形态，也有其他形态。细菌以简单的裂殖方式繁殖，不同细菌裂殖后其菌体排列方式不同。通常细菌20分钟就能繁殖一代，在适宜的环境下，在适合生长的培养基上可形成肉眼可见的具有一定形态的菌落或菌苔。

细菌有细胞壁、细胞膜、细胞质、拟核等基本结构，根据细胞壁的不同，可分为革兰阳性菌和革兰阴性菌。用革兰染色法可将两者区分开，革兰染色后呈蓝紫色的为革兰阳性菌，染色后呈红色的为革兰阴性菌。有的细菌除基本结构外还能形成荚膜、鞭毛、菌毛、芽孢等

1

具有特殊功能的结构。这些特殊结构有些与细菌的致病力有关，也有助于细菌鉴定。例如，有些细菌在外界环境不利时能形成圆形或卵圆形的休眠体，称为芽孢，芽孢能大大提高细菌对不良环境、消毒剂的抵抗力。能否形成芽孢及芽孢呈现什么形态是菌种的特征之一，因而可据此鉴别细菌。

3. 支原体

支原体是一类无细胞壁的原核微生物。支原体可在鸡胚的卵黄囊或绒毛尿囊膜上生长，有些菌株可致鸡胚死亡。禽支原体有很多种，如鸡毒支原体、鸡滑液囊支原体、火鸡支原体、惰性支原体、鸭支原体、鸽支原体等，均可经蛋传播。有明显致病性的鸡支原体有鸡毒支原体、鸡滑液囊支原体、火鸡支原体。

4. 真菌

真菌是一类真核生物，包括酵母菌和霉菌。多数真菌在 25 ~ 35℃、高湿条件、pH 为 5.5 ~ 6 的环境下繁殖速度快。真菌中对禽类有致病性的主要是霉菌，如黄曲霉菌使饲料变质，饲喂后引起鸡中毒。霉菌的菌丝在形态结构上相互交错成团，形成菌落；在功能上有一定的分化，进行各项生命活动。

5. 衣原体

衣原体是一种介于病毒和细菌之间的微生物，严格且专性细胞内寄生，对抗生素不敏感。可导致多种炎症并影响生殖系统。

二、鸡传染病的流行

凡是由病原微生物引起，具有一定的潜伏期和临床表现，并具有传染性的疾病称为传染病。传染病的发生均包括传播、感染、发病等几个过程。

1. 传染病的传播

传染病想要在动物群体中蔓延，传染源、传播途径、易感动物三者缺一不可。因此，掌握这三者及其影响因素，有利于控制传染病的发生或流行。

(1) 传染源 传染源也称为传染来源，是指有某种病原体在其体内寄居、生长、繁殖，并能排出体外的活的动物体。具体说传染源就是受感染的动物，包括带毒带菌动物。

（2）传播途径　病原体由传染源排出后，经过一定途径再侵入其他易感动物所经历的路径称为传播途径，主要分垂直传播和水平传播2种。

1）垂直传播。垂直传播是指病原体经胎盘、卵、产道等从亲代动物到其子代动物之间的纵向传播形式。例如，禽白血病、禽腺病毒感染、鸡传染性贫血病、鸡传染性脑脊髓炎、沙门菌病、大肠杆菌病等的传播均为垂直传播。

2）水平传播。水平传播是指传染病在同世代动物群体之间或个体之间经直接接触或间接接触形成的横向传播形成。几乎所有传染病都可水平传播。

水平传播形式具体包括：直接接触传播，如舔咬、交配等；经空气传播，主要以飞沫、飞沫核、尘埃为载体，大多数呼吸道疾病经此途径传播；经污染的饲料、水传播，消化道疾病多以此方式传播；土壤传播；生物媒介传播，起媒介作用的主要为节肢动物、野生动物、人类等。

（3）易感动物　易感性是抵抗力的反面，指动物对某些传染病病原体感受性的大小。动物对某种病原体缺乏免疫力而容易感染的特性称为易感性，有易感性的动物称为易感动物。

2. 传染病的分类与发展

（1）传染病的分类　按病原体来源分为外源性和内源性感染；按感染病原体的种类及感染顺序分为单纯感染、混合感染、原发感染和继发感染；按感染后是否出现临床症状分为显性感染和隐性感染；按感染部位分为局部感染和全身感染；按感染过程中是否出现特征性临床症状分为典型感染和非典型感染；按感染的严重程度分为良性感染和恶性感染；按病程长短分为最急性感染、急性感染、亚急性感染和慢性感染；按病毒特殊感染形式分为病毒的持续性感染和慢病毒感染。

（2）传染病的发展阶段　传染病病程一般分为潜伏期、前驱期、明显期和转归期4个阶段。

1）潜伏期。从病原体侵入机体并进行繁殖时起，直到疾病最初临床症状开始出现为止，这段时间称为潜伏期。不同传染病的潜伏期不同，即使是一种传染病，在不同条件下潜伏期长短也不尽相同，与入侵的病原微生物毒力、数量和动物个体抵抗力有关。

2）前驱期。从出现疾病的最初症状开始一直到传染病的特征症状刚一出现为止的这段时间称为前驱期，是疾病的征兆阶段。病鸡在这一阶段会出现食欲不振、精神沉郁等一般性症状。

3）明显期（发病期）。前驱期之后一直到传染病的特征性症状逐步明显、充分表现出来的这段时间称为明显期，是疾病发展到高峰的阶段，在诊断上比较容易识别。前驱期和明显期合称为病程。

4）转归期（恢复期）。转归期是疾病发展的最后阶段，病鸡有的死亡，有的恢复健康。康复鸡在恢复后的一定时期内对该病具有免疫力，但体内仍然残存并向外排放该病的病原微生物，成为健康带菌或带毒鸡。

三、鸡传染病的基本防治措施

1. 预防鸡传染病的基本措施

（1）加强饲养管理　加强饲养管理是搞好鸡病防治的基础，是增强动物抗病能力的根本措施。

1）选择优质鸡苗。从无疫地区或无病鸡群购进种鸡和鸡蛋。

2）提供优质饲料。根据营养需要，合理配制日粮。根据鸡不同生长阶段对能量、蛋白质、矿物质、维生素等的不同需要，合理饲喂日粮。

3）提供适宜的饲养环境。不同日龄的鸡群所需的温度不同，适宜的温度、湿度、光照和良好的通风都有利于提高鸡群的抵抗力和生产能力。

（2）鸡场选址符合卫生防疫原则　鸡场的选址应背风向阳、地势高燥、水源充足、排水方便、交通便利、电压可靠。鸡场位置的选择应距村镇、工厂、居民区及其他鸡场等地 300 米以上，距公路、铁路、河流 500 米以上。

（3）制定科学的免疫程序　预防鸡传染病最有效的方法之一就是注射疫苗及特定的抗原。应按照传染病的发生规律，合理制定免疫接种程序，减少鸡群发病率，提高保护率。

（4）注重平时的药物预防　对某些细菌性传染病，应根据疫病易发生的季节和鸡易发病的日龄，提前给予有效的药物，依据"预防为主，防重于治"的原则，达到保护鸡群的目的。

2. 扑灭鸡群传染病的基本措施

1）及时发现、诊断和上报疫情并通知邻近单位做好预防工作。

2）迅速隔离患病鸡，封锁疫区，对被污染的地方进行紧急消毒，若发生危险性大的疫病如禽流感等应采取封锁等综合性措施，防止疫情蔓延。

3）实行紧急免疫接种，并对患病鸡及时进行治疗。

4）严格处理死亡鸡和被淘汰的患病鸡。

 鸡病的诊断与投药

一、鸡病的诊断

及时正确诊断是预防、控制和治疗鸡病的前提和重要环节。有正确的诊断作为依据，就能有效地阻止疫情蔓延和实施防治工作；否则盲目治疗、无效投药会导致疫情扩大，进而造成重大损失。

日常生产中的诊断方法有：现场诊断、流行病学诊断、病理剖检和实验室诊断。

（1）现场诊断 亲临养鸡场进行实地检查是鸡病诊断最基本的方法之一。通过对鸡精神状态、饮食情况、排便情况、运动情况、呼吸情况等的观察，对某些鸡病做出初步诊断。现场诊断还应结合群体检查和个体检查，首先对发病鸡场进行群体检查，然后再对发病鸡进行详细的个体检查。

（2）流行病学诊断 流行病学诊断应与现场诊断相结合，在现场诊断的同时，对疫病流行的各个环节进行仔细调查和观察，查清发病鸡的种类、数量、日龄、发病时间（季节）、发病率、死亡率、病死率、饲养管理、免疫及用药情况、近期天气变化，以及疫病传播途径和方式、传播速度和范围、疫病的来源等。

（3）病理剖检 病理学诊断包括病理剖检和病理组织学检查，剖检前先观察尸体外表，注意其营养状况、羽毛、可视黏膜的情况，而后用水或消毒药水将羽毛浸湿，再剥皮、开膛、取出内脏，按剖检顺序逐项认真地进行系统观察。

（4）实验室诊断 经临床和剖检诊断还不能确诊时，需配合实验室诊断进行确诊。根据检查方法不同，实验室检查又分为微生物学诊断（如抹片镜检、病原体的分离和鉴定、动物接种）和免疫学诊断［如凝集试验、琼脂扩散试验（AGP）、中和试验（VN）、免疫荧光试验（IFA）、酶联免疫吸附试验（ELISA）]。

二、病（死）鸡的检查

1. 病（死）鸡的剖检方法

把待检尸体从消毒液中取出，置于解剖台上，保持仰卧姿势。用手术剪剪开两腿内侧皮肤，压平两腿使髋关节脱臼，然后在两髋关节连线与腹中线交点处切开皮肤，注意不要伤及肌肉。沿切口横向切开腹部皮肤，再沿两侧翅膀基部与腿部连线切开皮肤。此时供检鸡胸部、腹部肌肉组织完全暴露，然后再剥开下腹部皮肤至肛门处。剖开胸腹腔，用手术剪挑破腹中线处肌肉各层，并向两侧扩创，此时应注意不能剪破肠道。沿两侧肋软骨连接线方向切开胸肌，显露各肋软骨，沿肋软骨连接线用钝嘴手术剪逐一剪断各条肋骨。切开两侧和肌肉连接的筋膜，掀掉整个胸骨，此时大部分内脏器官暴露出来，可观察心脏、肺、气囊、食道、腺胃、肌胃、大肠、小肠、胰腺、肝脏、胆囊、脾脏、肠系膜脂肪、卵巢、输卵管。

剖开内脏器官，剪心包观察心包膜和心包液，暴露心脏观察心外膜、心肌和冠状脂肪，必要时可剖开心脏观察内膜和心肌质地，然后摘除心脏。接着可剖开喉头、气管、支气管和肺，查看有无出血、炎症及炎症产物和异生物情况。然后再剖开食道、嗉囊、腺胃、肌胃、小肠、大肠直到泄殖腔，观察黏膜层、肌层、腺体乳头有无病变，包括充血、出血、炎症病变、内容物和寄生虫。分离腹膜脏层，取出肝脏、脾脏、胰腺和肠道。查看肾脏、输尿管、卵巢、输卵管。剖开产道和法氏囊。必要时可剖开眶下窦、头部，观察眶下窦及大脑、小脑的病变。

2. 病（死）鸡的检查内容

（1）外部检查

1）一般状态观察。

① 姿势。健康的鸡活动自如，姿势自然、优美。病鸡则表现运动障碍，姿势异常。

"劈叉"姿势（表现为腿麻痹，不能站立，一腿前伸，一腿后伸）：见于马立克氏病、新城疫、传染性脑脊髓炎等。

"观星"姿势（表现为两腿不能站立，仰头蹲伏）：见于维生素 B_1

缺乏症。

"趾蜷曲"姿势（表现为两腿麻痹或趾爪蜷缩，瘫痪、不能站立）：见于维生素 B_2 缺乏症。

"企鹅式"站立或行走姿势：见于严重的肉鸡腹水综合征、蛋鸡输卵管积液；偶见于鸡卵黄性腹膜炎。

"鸭式"步态（表现为行走时像鸭走路一样，行走摇晃，步态不稳）：见于鸡前殖吸虫病、鸡球虫病、严重的绦虫病和鸡蛔虫病。

两腿呈"交叉"站立或行走姿势，运动时跗关节着地：见于维生素 E 缺乏症、维生素 D 缺乏症，也可见于鸡传染性脑脊髓炎、鸡弯曲杆菌性肝炎等。

两腿行走无力，行走间常呈蹲伏姿势：见于成年鸡骨软症、笼养鸡疲劳症、细菌（如葡萄球菌、链球菌）性关节炎、鸡病毒性关节炎等；也见于鸡的滑腱症，表现为站立时患腿超出正常的位置。

行走时跛行：见于锰缺乏症。

运步摇晃，双腿呈不同程度的"O"形、"X"形外观，运动失调：见于雏鸡佝偻病、维生素 D 缺乏症、锰缺乏症、胆碱缺乏症、叶酸缺乏症、生物素缺乏症等。

鸡的头部震颤、抽搐：见于鸡传染性脑脊髓炎。

鸡呈扭头曲颈的姿势，或伴有站立不稳及翻转滚动：见于神经型新城疫、维生素 B_1 缺乏症等。

甩头（摇头）、伸颈：见于鸡的呼吸困难。

② 声音。健康鸡鸣声清脆，公鸡鸣声响亮，进入产蛋高峰期的母鸡则发出明快的"咯咯"声。病鸡则鸣声低哑，或间杂呼吸啰音、呼噜、怪叫声。

叫声嘶哑或间杂呼吸啰音、呼噜、怪叫声：见于鸡白痢、鸡副伤寒、马立克氏病、新城疫、鸡传染性支气管炎、鸡传染性喉气管炎、慢性呼吸道病、传染性鼻炎、大肠杆菌病、鸡结核病、组织滴虫病、鸡蛔虫病。

2）羽毛。

羽毛蓬松、污秽、无光泽：见于鸡副伤寒、慢性禽霍乱、大肠杆菌病、绦虫病、鸡蛔虫病、鸡吸虫病、维生素 A 缺乏症、维生素 B 缺乏症等。

羽毛蓬松、逆立：见于鸡的热性传染病引起的高热、寒战，如禽流感、新城疫、传染性法氏囊病等。

羽毛变脆、断裂、脱落：表现为鸡在非换羽季节羽毛折断和脱落，见于鸡的啄癖、外寄生虫病（疥癣）、锌缺乏症、生物素缺乏症等，也可见于鸡自身啄羽。

羽毛稀少或脱色：见于鸡的叶酸缺乏症，也可见于泛酸缺乏症、维生素 D 缺乏症。

羽轴的边缘卷起，且有小结节形成：见于锌缺乏症、维生素 B₂ 缺乏症或某些病毒的感染。

羽虱：检查时用手逆翻头部、翅下及腹下的羽毛，可见到浅黄色或灰白色的针尖大小的羽虱在羽毛、绒毛或皮肤上爬动。

羽毛囊炎：表现为羽毛囊处肿大，且有炎性渗出物渗出，见于鸡的皮肤型马立克氏病。

纯种鸡长出异色羽毛：见于鸡的遗传性变异或一些营养素（如铁、铜、叶酸、维生素 D 等）的缺乏。

羽毛生长延迟：见于雏鸡的叶酸、泛酸、生物素、锌、硒等的缺乏。

3）鸡冠、肉髯、耳垂。

鸡冠、肉髯色泽苍白：见于卡氏住白细胞原虫病（白冠病）、马立克氏病、禽淋巴细胞性白血病、鸡传染性贫血病、鸡结核病、鸡伤寒、鸡副伤寒、慢性鸡白痢、严重的绦虫病、鸡蛔虫病、鸡的内出血（如肝脏破裂）、饲料中某些微量元素（如铁、钴）的缺乏。另外，也见于产蛋高峰期的健康鸡。

鸡冠、肉髯发绀：见于新城疫、禽流感、鸡传染性喉气管炎、禽霍乱、李氏杆菌病、肉鸡腹水综合征等，也可见于组织滴虫病、有机磷中毒。

鸡冠、肉髯呈紫黑色，温度降低：见于濒死的鸡。

鸡冠、肉髯呈樱桃红色：见于一氧化碳中毒。

鸡冠、肉髯呈蓝紫色：见于亚硝酸盐中毒、喹乙醇中毒、亚硒酸钠中毒、有机磷中毒、禽霍乱、成年鸡的维生素 B₁ 缺乏。

鸡冠、肉髯、耳垂有棕色或黑褐色结痂：见于皮肤型鸡痘，也可由鸡的相互争斗啄伤所致。

鸡冠、肉髯有一层黄白色鳞片状结痂，呈白色斑点或斑块状：见于鸡皮肤真菌病（冠癣）。

肉髯肿大、肥厚：见于慢性禽霍乱、传染性鼻炎等，也可见于肉鸡肿头综合征。

鸡冠、肉髯发育不良或缩小：见于马立克氏病、禽淋巴细胞性白血病或其他肿瘤性疾病、严重的寄生虫病等。

鸡冠倾倒：见于去势的公鸡和停产母鸡。

4）眼睛。

眼睑肿胀、流泪：见于传染性鼻炎、鸡传染性喉气管炎、慢性禽霍乱、慢性呼吸道病、大肠杆菌性眼炎、鸡舍内福尔马林气体及氨气的刺激，也可见于维生素 A 缺乏症、禽流感、鸡眼内线虫病。

眼睑肿胀、瞬膜下形成球状干酪样物：见于雏鸡霉菌性眼炎。

眼结膜内有隆起的小溃疡灶及不易剥离的豆腐渣样渗出物：见于白喉型鸡痘。

眼结膜内有黄白色凝块：见于维生素 A 缺乏症。

眼结膜充血、潮红：见于鸡的急性热性传染病。

眼结膜充血或眼内出血：见于住白细胞原虫病，也可见于禽流感，偶见于眼睛外伤。

眼结膜有黏性或脓性分泌物：见于雏鸡大肠杆菌性眼炎、衣原体性眼炎、鸡副伤寒、雏鸡的生物素及泛酸缺乏症。

眼结膜有出血斑点：见于禽流感。

眼结膜苍白：见于慢性传染病及严重的寄生虫病，如马立克氏病、禽淋巴细胞性白血病、鸡传染性贫血病、鸡结核病、鸡伤寒、鸡副伤寒、慢性鸡白痢、严重的绦虫病、鸡蛔虫病、鸡的内出血（如肝脏破裂）。

角膜浑浊、流泪：见于氨气灼伤，也可见于维生素 A 缺乏症。

虹膜褪色、瞳孔缩小：见于马立克氏病，也可见于有机磷中毒。

瞳孔散大：见于阿托品中毒，也可见于濒死期的鸡。

瞳孔反射消失、晶状体浑浊：见于鸡传染性脑脊髓炎。

5）颈。

扭颈：表现为鸡的颈部不自主地向侧方、背侧方扭动，见于神经型新城疫、大肠杆菌性脑膜脑炎、沙门菌性脑膜脑炎、寄生虫性脑膜脑炎、维生素 E 缺乏症、颈椎侧突凸出压迫神经等。

软颈：表现为鸡的颈部发软，不能抬起或平铺于地，见于鸡采食含肉毒梭菌毒素的饲料而引起的中毒。

皮下或颈下出血：见于磺胺类药物中毒。

6）翅。

翅下垂：表现为一侧或两侧翅下垂，甚至拖地，见于马立克氏病，也可见于抓鸡的方法不当或机械原因所致的翅骨骨折或翅关节脱位。

翅部皮下黑紫或皮下坏死：见于翅部受伤或由梭状芽孢杆菌、葡萄球菌等引起的感染。

7）胸部及龙骨。

胸部龙骨"S"状弯曲：见于维生素 D 缺乏，钙、磷缺乏或比例不当所致的雏鸡佝偻病。

胸腹侧部囊肿：见于鸡滑膜支原体感染，也可见于由饲养管理不善（如鸡运动的地面不平整或硬刺引起的损伤，或料槽太低、鸡长期卧地吃料等）引起的损伤。

8）腹部。

硬脐（脐带炎）：表现为雏鸡脐带发炎或呈现硬的结痂，见于鸡的大肠杆菌、沙门菌、葡萄球菌等的感染。

腹部膨大，触之有波动感：见于肉鸡腹水综合征、卵黄性腹膜炎的中后期、肝腹水、蛋鸡的输卵管积液、蛋鸡的卵巢腺癌所致的腹水等；腹部膨大，触之肝脏的固定位置大大超出胸骨后缘，甚至可达耻骨前缘，多因肝脏肿大所致，见于鸡的大肝大脾病；蛋鸡触之有软硬不均的物体，温度高且有痛感，见于腹腔中卵子变性所致的卵黄性腹膜炎初期；触不到肌胃，多因鸡的腹部脂肪过多所致。此外，在鸡白痢、鸡伤寒、鸡支原体感染的病例中也可见到腹部膨大。

腹部蜷缩：表现为腹部缩小、干燥、发凉、失去弹性，见于鸡结核病、鸡白痢、马立克氏病、组织滴虫病、鸡蛔虫病、绦虫病、鸡吸虫病等。

（2）消化系统及相关部位检查 主要检查喙、口腔及口角、食道、嗉囊、腺胃、肌胃、肠道、肝脏、胆囊及胆管、胰腺、泄殖腔、腹腔、

11

粪便等。

1）喙、口腔及口角、食道。

橡皮喙：表现为喙柔软如橡皮，富有弹性，可弯曲成不同的形状，见于雏鸡佝偻病，也可见于腹泻或肠道寄生虫感染所致的钙、磷吸收障碍。

喙的灼伤：表现为喙上有一些结痂，见于喙被热（如烙铁）或化学物质灼伤。

蛋鸡上喙过短或下喙过长：多由断喙时所切位置不当所致。

喙尖色泽发紫：见于鸡传染性喉气管炎、鸡传染性支气管炎、禽霍乱、卵黄性腹膜炎，也可见于禽流感、维生素 E 缺乏症。

喙色泽浅：常见于某些慢性传染病、寄生虫病及营养代谢病，如马立克氏病、鸡球虫病、绦虫病、维生素 E- 硒缺乏症等。

喙交叉畸形：多因遗传因素所致，宜淘汰。

口腔内温度升高、干燥：见于鸡急性热性传染病及口腔炎症，如新城疫、禽流感、口炎等。

口腔内温度过低：见于慢性传染病、寄生虫病及慢性中毒所致的严重贫血，也可见于濒死期的鸡。

口腔黏液、唾液分泌增加：见于新城疫、鸡传染性支气管炎、禽霍乱、有机磷中毒、口腔炎症。

口腔流涎，并伴有大蒜味：见于散养鸡误食喷洒过有机磷农药的蔬菜、谷物等引起的中毒。

口腔或口角流血：见于敌鼠钠中毒、住白细胞原虫病，偶见于鸡传染性喉气管炎。

口腔或口角流出煤焦油样液体：见于肌胃糜烂症。

口腔黏膜有黄白色隆起的小结节：见于维生素 A 缺乏症、烟酸缺乏症。

口腔黏膜形成黄白色干酪样伪膜或溃疡：见于鸡白色念珠菌病，也可见于白喉型鸡痘。

口腔上腭内有浅黄色干酪样物质：见于维生素 A 缺乏症、鸡波氏杆菌病，偶见于传染性鼻炎。

口腔外部及口角形成黄白色伪膜：见于鸡霉菌性口炎。

口腔、咽喉部的黏膜上有白喉型伪膜：见于鸡痘。

口腔、食道、嗉囊上有白色伪膜和溃疡：见于酵母菌、念珠菌、组织滴虫或某些霉菌的感染等。

口腔、咽和食道有小的白色结节，且可蔓延到嗉囊，结节的直径可达2毫米：见于维生素A缺乏症。

食道内的寄生虫：火鸡捻转毛细线虫、环形毛细线虫、嗉囊筒线虫。

2）嗉囊。

嗉囊积液，触之有波动感：见于新城疫、鸡传染性嗉囊炎、有机磷中毒，偶见于蛔虫引起的肠阻塞。

嗉囊坚硬、缺乏弹性：见于嗉囊秘结、异物阻塞，也可见于隔日饲喂的鸡，这由暴食过多干粉料所致。

嗉囊触之有捏粉样感觉：见于禽霍乱、传染性法氏囊病、禽流感、嗉囊卡他、鸡食入易发酵的饲料。

嗉囊空虚或食物不多：见于某些慢性疾病、饲料的适口性差，或鸡处于疾病的严重期，如马立克氏病、鸡结核病、组织滴虫病等。

嗉囊过度膨大或下垂：见于马立克氏病导致的迷走神经机能失调。此外，鸡在夏季过热天气下暴食或饮水过度时也可见到类似情况。

嗉囊内积满黏液：见于新城疫。

嗉囊内积满煤焦油样的液体：见于肌胃糜烂症。

嗉囊内充满食物：见于鸡嗉囊异物阻塞。

嗉囊内充满黄色液体：见于喹乙醇中毒。

嗉囊内充满酸臭的内容物：见于鸡的嗉囊秘结。

嗉囊内容物有刺鼻的蒜臭味：见于鸡有机磷中毒。

3）腺胃。

球状肿大：表现为腺胃肿胀得比肌胃还大，若腺胃乳头并不肿胀，则见于饲料中纤维素缺乏；若腺胃乳头肿大，见于鸡传染性腺胃炎。

腺胃乳头或黏膜出血：见于新城疫、禽流感、喹乙醇中毒、急性禽霍乱，也可见于鸡传染性贫血病。

腺胃乳头水肿、出血：见于马立克氏病、鸡线虫病；腺胃乳头水肿还可见于雏鸡的维生素E缺乏症、鸡传染性脑脊髓炎。

腺胃膨大、胃壁增厚、切面呈煮肉样：见于内脏型马立克氏病、胃肠型的鸡传染性支气管炎。

腺胃上的寄生虫：散养鸡的旋形华首线虫、美洲四棱线虫。

腺胃与肌胃交界处形成出血带或出血点：见于传染性法氏囊病，也可见于禽流感、鸡螺旋体病。

4）肌胃。

肌胃穿孔：多因肌胃内存在铁钉或其他异物，在肌胃收缩时异物穿透肌胃壁所致，这种病鸡常伴有腹膜炎。

肌胃糜烂、角质膜变黑脱落：多因饲喂变质鱼粉、霉变饲料或胆汁反流所致，也可见于鸡的硫酸铜中毒。

肌胃角质膜易脱落、角质层下有出血斑点或溃疡：见于新城疫、住白细胞原虫病，也可见于禽流感、李氏杆菌病及某些中毒病。

肌胃肌肉变性并有白色结节：多见于鸡白痢。

肌胃肌肉的肿瘤样变：见于内脏型马立克氏病。

肌胃内的寄生虫：斧钩华首线虫；偶见鸡蛔虫。

肌胃内空虚、角质膜呈绿色：见于鸡的慢性疾病，多由胆汁反流所致。

肌胃、腺胃黏膜坏死：见于赤霉菌毒素中毒。

5）肠道。

出血性肠炎：小肠的上三分之一段肠壁肿胀，上有白斑或出血点，黏膜表面有血液，多见于由巨型艾美耳球虫引起的小肠球虫病；小肠后半段肿胀，肠腔内充满红色黏液，多见于由毒害艾美耳球虫引起的小肠球虫病；盲肠肿胀，充满新鲜血液或血凝块，病鸡排出鲜血样粪便，多见于盲肠球虫病。此外，新城疫、禽流感、氟乙酰胺中毒、冠状病毒性肠炎也可见到类似的变化。

坏死性肠炎：表现为肠道变色、肿胀，黏膜出血、有炎性渗出物（在回肠处变化最明显），小肠肠管增粗，肠道黏膜坏死或肠黏膜上覆盖一层灰白色伪膜，多见于魏氏梭菌（C型）感染。

溃疡性肠炎：急性病例为十二指肠出血，肠壁上有小点出血；慢性时从肠壁的浆膜和黏膜面上都能看到一种边缘出血的黄色小溃疡灶或呈圆形、凸起的较大溃疡，此种溃疡边缘常无出血，或由于溃疡的相互融合而形成一种大的固膜性坏死性斑块，多见于溃疡性肠炎。

十二指肠前段有芝麻粒大的出血点：见于鸡副伤寒。

寄生于十二指肠和空肠内的寄生虫：鸡蛔虫、赖利绦虫。

寄生于盲肠内的寄生虫：鸡的异刺线虫、组织滴虫。

寄生于直肠内的寄生蠕虫：前殖吸虫。

肠道黏膜坏死：见于慢性鸡白痢、鸡伤寒、鸡副伤寒、大肠杆菌病、维生素 E 缺乏症等。

小肠肠管膨大、阻塞：见于鸡的肠梗阻。

肠壁上有大小不等的肿瘤状结节：见于马立克氏病、禽淋巴细胞性白血病、鸡网状内皮组织增生病。肠壁上有出血小结节，可见于住白细胞原虫病。

盲肠肿大，内含有黄色干酪样凝固渗出物：见于组织滴虫病。

盲肠不肿大，内含有干酪样栓塞：见于慢性鸡白痢、鸡伤寒、鸡副伤寒。

直肠条纹状出血：多见于新城疫。

直肠背侧有肿瘤：见于鸡淋巴肉瘤病。

肠浆膜上有珍珠样结节：见于鸡结核病。

6）肝脏。

肝脏肿大，表面有圆形或不规则的粟粒大至黄豆大小的坏死灶：见于组织滴虫病。

肝脏肿大，表面有放射状（星状）坏死灶：见于鸡弯曲杆菌性肝炎。

肝脏肿大，表面有广泛密集的点状灰白色坏死灶：见于急性禽霍乱。

肝脏肿大，表面有散在的灰白色或灰黄色坏死灶：见于急性鸡白痢、鸡伤寒、鸡副伤寒、链球菌病、大肠杆菌病；也可见于衣原体病、李氏杆菌病。

肝脏肿大，表面有大小不等的肿瘤结节：见于马立克氏病、禽淋巴细胞性白血病、鸡网状内皮组织增生病。

肝脏肿大，表面有灰白色斑纹：见于育成鸡和成年鸡急性鸡白痢、鸡伤寒等。

肝脏肿大，有斑状出血：见于鸡包涵体肝炎、磺胺类药物中毒、雏

第二章

鸡应激综合征等。

肝脏肿大并出现肉芽肿：见于大肠杆菌性肉芽肿。

肝脏肿大，表面有纤维素性物质覆盖（肝周炎）：见于大肠杆菌病、支原体病、肉鸡腹水综合征。

肝脏肿大，呈青铜色或墨绿色：见于鸡副伤寒、大肠杆菌病，也可见于葡萄球菌病、链球菌病。

肝脏肿大、硬化、呈土黄色，表面粗糙不平：见于慢性黄曲霉毒素中毒。

肝脏肿大，呈浅黄色或土黄色，质地柔软易碎：见于脂肪肝综合征、维生素 E 缺乏症，也可见于鸡传染性贫血病、住白细胞原虫病、传染性法氏囊病。

肝脏肿大，可延伸至泄殖腔处且质地柔软易碎：见于鸡大肝大脾病。

肝脏肿大，肝被膜下形成血肿：常由肝脏破裂引起，见于脂肪肝综合征；肝被膜下形成血肿，有时也会因胸部肌内注射疫苗不当而刺破肝脏后引起。

肝脏萎缩、硬化：见于肉鸡腹水综合征的晚期，成年鸡慢性黄曲霉毒素中毒。

肝脏有大量灰白色或浅黄色结节，切面呈干酪样：见于成年鸡结核病。

7）胆囊及胆管。

胆囊、胆管内有寄生虫：见于散养鸡的次睾吸虫病。

胆囊充盈、肿大：见于鸡的急性传染病，如禽霍乱、鸡白痢、住白细胞原虫病、某些药物中毒等。

胆囊缩小，胆汁少、色淡或胆囊黏膜水肿：见于鸡慢性消耗性疾病，如马立克氏病、严重的绦虫病、鸡蛔虫病、鸡吸虫病、蛋白质营养缺乏症等。

胆汁浓、呈墨绿色：见于急性传染病死亡的病例，如急性禽霍乱、禽流感、大肠杆菌败血症等。

胆囊空虚、无胆汁：见于肉鸡猝死综合征。

8）胰腺。

胰腺肿大，有出血性小结节：见于住白细胞原虫病。

胰腺肿大、出血，滤泡增大：见于急性败血性传染病，如急性禽霍乱、新城疫、禽流感、鸡白痢、鸡伤寒、鸡副伤寒、鸡传染性脑脊髓炎、大肠杆菌败血症等。

胰腺出现肿瘤或肉芽肿：见于马立克氏病，大肠杆菌、沙门菌引起的肉芽肿。

胰腺出血，有针尖大小灰白色坏死点：见于禽流感。

胰腺液化：见于胰腺炎。

9）泄殖腔。

泄殖腔周围或局部发红肿胀，并形成一种有韧性、白喉样的伪膜，将伪膜剥离后，可见粗糙的出血面：见于新城疫。

泄殖腔肿胀，周围覆盖有大量黏液状分泌物，其中有少量石灰质：见于蛋鸡前殖吸虫病。

泄殖腔明显凸出，甚至外翻，并且充血、肿胀、发红或发紫：见于高产母鸡或难产母鸡不断强烈努责而引起的泄殖腔脱垂，也可见于鸡的啄肛。

泄殖腔周围的羽毛被稀粪沾污：见于鸡白痢、鸡副伤寒、新城疫、大肠杆菌病、传染性法氏囊病及某些寄生虫病等。

10）腹腔。

腹腔内腹水过多：见于肉鸡腹水综合征、大肠杆菌病、肝硬化、黄曲霉毒素中毒，也可见于鸡副伤寒。

腹腔内有血液或凝血块：见于各种原因引起的急性肝脏破裂，如脂肪肝综合征、鸡副伤寒、成年鸡的鸡白痢、鸡弯曲杆菌性肝炎、卡氏住白细胞原虫病等。

腹腔有浅黄色或纤维素性、干酪样、胶冻样渗出物：见于由大肠杆菌或沙门菌引起的产蛋母鸡的卵黄性腹膜炎、慢性呼吸道病、肉鸡腹水综合征等。

腹腔器官表面有石灰样物质沉着：见于内脏型痛风。

腹腔器官表面有许多菜花样增生物或大小不等的结节：见于马立克氏病、禽淋巴细胞性白血病、卵巢腺癌，也可见于成年鸡结核病、鸡的大肠杆菌性肉芽肿等。

11）粪便观察。

白色粪便：见于鸡白痢、鸡肾型传染性支气管炎、传染性法氏囊病、内脏型痛风、磺胺类药物中毒等。

红色粪便：见于鸡球虫病。发生盲肠球虫病时，肠道出血多，红色粪便多，死亡率高；发生小肠球虫病时，肠道出血少，红色粪便少，死亡率低。

黄色粪便：往往出现在鸡球虫病发生之后，由肠道壁发生炎症、吸收功能下降而引起，也可见于鸡球虫病同时激发厌氧菌或大肠杆菌感染而引起的肠炎。

肉红色粪便：粪便呈肉红色，成堆如烂肉样，见于绦虫病、鸡蛔虫病、鸡球虫病和出血性肠炎的恢复期。

绿色粪便：主要见于新城疫、禽流感。典型新城疫或急性禽流感出现明显的绿色稀粪；非典型新城疫或温和型禽流感，则零星出现绿色粪便。

黄绿色粪便，并有绿色干粪：见于败血型大肠杆菌病。

黑色粪便：见于鸡小肠球虫病、肌胃糜烂症、上消化道的出血性肠炎。

水样粪便：见于鸡食盐中毒或鸡肾型传染性支气管炎；温度过高引起的鸡大量饮水也可造成排水样粪便；蛋鸡进入产蛋高峰期时水样腹泻，可能是由于肠道对产蛋期饲料不适应，或由于进入产蛋期机体内血流分布相对改变等因素所致。

硫黄样粪便：见于组织滴虫病。

（3）呼吸系统及相关部位检查　主要检查呼吸动作、鼻腔、眶下窦、喉头、气管、支气管、肺、气囊等。

1）呼吸动作。健康鸡的呼吸频率为 20～35 次/分钟。病鸡则会出现呼吸困难。

吸气困难、张口呼吸、气喘：见于鸡传染性喉气管炎、白喉型鸡痘、鸡气管比翼线虫病。

咳嗽、气喘、有气管啰音：见于新城疫、鸡传染性支气管炎、鸡传染性喉气管炎、慢性呼吸道病、传染性鼻炎，也可见于禽流感、慢性禽霍乱等。

气喘、咳嗽、混合性呼吸困难：见于雏鸡肺炎型白痢、大肠杆菌病、慢性呼吸道病、鸡曲霉菌病、鸡隐孢子虫病，鸡舍内氨气过浓，也可见于衣原体病，偶见于白喉型鸡痘、维生素 A 缺乏症。

2）鼻腔和鼻液。

鼻腔有大量黏液脓性或浆液性分泌物：见于传染性鼻炎、鸡传染性支气管炎、鸡传染性喉气管炎、大肠杆菌病、雏鸡曲霉菌病、慢性禽霍乱、禽流感、慢性呼吸道病。

鼻腔有牛奶样或豆腐渣样分泌物：见于维生素 A 缺乏症、传染性鼻炎。

3）眶下窦。眶下窦又称上颌窦，为一略呈三角形的小腔，与口和鼻腔相通。常见的异常变化是眶下窦肿胀，见于慢性呼吸道病、传染性鼻炎。

4）喉头、气管、支气管。

喉头、气管出血：见于新城疫、禽流感。

喉头、气管有血性黏液或浅黄色干酪样附着物：见于鸡传染性喉气管炎。

喉头、气管有黏液性渗出物：见于新城疫、禽流感、雏鸡曲霉菌病、慢性呼吸道病、氨气过浓、住白细胞原虫病等。

喉头、气管、支气管内的寄生虫：鸡比翼线虫（寄生于气管、支气管内）、火鸡支气管杯口线虫（寄生于气管、支气管内）。

喉头、气管黏膜上有干酪样坏死斑点：见于黏膜型鸡痘。

气管、支气管环充血、出血：见于新城疫、鸡传染性支气管炎。

支气管内有渗出液或浅黄色干酪样凝固栓子：见于鸡传染性支气管炎。

5）肺和气囊。

肺有黄色粟粒大至豌豆大的结节：见于雏鸡曲霉菌病，也可见于成年鸡结核病。

肺表面有灰黑色或浅绿色霉斑：见于育成鸡或成年鸡曲霉菌病。

肺瘀血、水肿：见于禽霍乱、链球菌病、雏鸡败血性鸡白痢、传染性法氏囊病、大肠杆菌败血症，也可见于住白细胞原虫病、棉籽饼中毒。

肺出现肉芽肿：见于肺炎型雏鸡白痢、雏鸡大肠杆菌病。

肺出现肿瘤结节：见于内脏型马立克氏病。

肺有出血凝块：见于住白细胞原虫病。

气囊浑浊、囊壁增厚、有纤维素性渗出物：见于慢性呼吸道病、大肠杆菌病、鸡副伤寒、禽流感、鸡传染性支气管炎、传染性鼻炎、衣原体病，也可见于链球菌病、新城疫、鸡隐孢子虫病。

（4）泌尿系统检查　主要检查肾脏、输尿管等。

肾脏显著肿大、呈灰白色或有肿瘤结节：见于马立克氏病、禽白血病，偶见于大肠杆菌性肉芽肿。

肾脏肿大、瘀血：见于鸡伤寒、鸡副伤寒、链球菌病、住白细胞原虫病、鸡螺旋体病，也可见于禽流感、脂肪肝出血综合征、食盐中毒等。

肾脏肿大且表面有尿酸盐沉着，呈"花斑肾"：见于鸡肾型传染性支气管炎、传染性法氏囊病、磺胺类药物中毒、铅中毒、内脏型痛风、日粮中钙含量过多、维生素A缺乏症、饮水不足等。

肾脏有霉菌结节：见于鸡的霉菌感染。

肾脏苍白：见于雏鸡副伤寒、住白细胞原虫病、严重的绦虫病、鸡吸虫病、鸡球虫病，也可见于各种原因引起的内脏出血等。

输尿管有尿酸盐沉积（或结石）：见于内脏型痛风、鸡肾型传染性支气管炎、传染性法氏囊病、磺胺类药物中毒、维生素A缺乏症、钙磷比例失调等。

（5）免疫系统检查　主要检查脾脏、胸腺、法氏囊、盲肠扁桃体等。

1）脾脏。

脾脏肿大、有散在的灰白色点状坏死灶：见于鸡白痢、鸡伤寒、鸡副伤寒、禽霍乱、衣原体病，也可见于禽流感、葡萄球菌病、住白细胞原虫病等。

脾脏肿大、表面有大小不等的肿瘤结节：见于马立克氏病、禽淋巴细胞性白血病、鸡网状内皮组织增生病。

脾脏有灰白色或浅黄色结节，切面呈干酪样：见于成年鸡结核病。

脾脏肿大、表面有灰白色斑驳：见于马立克氏病、禽淋巴细胞性白血病、鸡网状内皮组织增生病，也可见于鸡白痢、鸡伤寒、鸡副伤寒、大肠杆菌败血症、李氏杆菌病、鸡螺旋体病、鸡弯曲杆菌病等。

2）胸腺。

胸腺肿大、出血：见于禽霍乱、大肠杆菌败血症等。

胸腺肿大、坏死：见于住白细胞原虫病。

胸腺出现玉米粒大小的肿胀：见于鸡结核病。

胸腺形成肿瘤：见于禽淋巴细胞性白血病。

胸腺萎缩：见于马立克氏病，也可见于鸡传染性贫血病、鸡蛋白质缺乏症、鸡慢性黄曲霉毒素中毒。

3）法氏囊。

法氏囊黏膜肿大、出血：见于传染性法氏囊病、鸡隐孢子虫病，偶见于禽流感、严重的绦虫病。

法氏囊形成肿瘤：见于禽淋巴细胞性白血病、马立克氏病。

法氏囊内有干酪样物质：见于恢复期的鸡的传染性法氏囊病、鸡隐孢子虫病。

法氏囊萎缩：见于鸡包涵体肝炎、鸡传染性贫血病、马立克氏病、肉鸡传染性生长障碍综合征、鸡慢性黄曲霉毒素中毒及一些细菌内毒素引起的法氏囊萎缩，也可见于鸡的法氏囊正常的生理性退化、萎缩。

寄生于法氏囊内的寄生虫：前殖吸虫、隐孢子虫。

4）盲肠扁桃体。

盲肠扁桃体肿大、出血：见于新城疫、传染性法氏囊病、鸡伤寒、大肠杆菌病、禽流感、鸡球虫病、喹乙醇中毒。

盲肠扁桃体肿大、出血、坏死：见于住白细胞原虫病。

（6）神经系统检查　主要检查大小脑、坐骨神经、臂神经等。

1）脑。

小脑软化、肿胀，有出血点或坏死灶：见于维生素 E- 硒缺乏症。

脑水肿：见于鸡传染性脑脊髓炎。

脑及脑膜有浅黄色结节或坏死灶：见于鸡霉菌性脑炎。

大脑呈树枝状充血或有出血点、脑实质水肿或坏死：见于雏鸡脑炎型大肠杆菌或沙门菌感染。

脑膜充血、水肿或点状出血：见于禽流感、鸡中暑、酚类消毒剂中毒等。

2）外周神经。

坐骨神经、臂神经的体积显著肿大（多为一侧性）：见于马立克氏病、维生素 B_2 缺乏症等。

迷走神经支配嗉囊的分支受损：见于鸡嗉囊下垂。

颈神经受损：见于肉毒梭菌毒素中毒、颈椎侧突凸出等。

(7) 运动系统及相关部位检查 主要检查皮肤及皮下组织、肌肉、骨骼、关节、脚爪和肉垫等。

1）皮肤及皮下组织。

外伤：常见于母鸡的背部损伤，一般是在自然交配时被公鸡抓伤。

皮炎：传染性皮炎常引起皮肤坏死，如葡萄球菌病、皮肤型鸡痘；营养性皮炎见于生物素或泛酸缺乏症。

皮肤肿瘤：见于皮肤型马立克氏病。

皮下气肿：常发生在头、颈或身体的前部，手触之有弹性，由阉割、剧烈活动等引起的气囊破裂使气体逸出至皮下所致。

皮下黏液性水肿：见于鸡食盐中毒、饲料中棉籽饼的含量过高。

皮下弥漫性出血：见于维生素 K 缺乏症、住白细胞原虫病等。

蓝紫色斑块（尤其在腹部皮肤）：见于维生素 E-硒的缺乏症、葡萄球菌病、坏疽性皮炎。

皮下水肿：常发生在胸、腹部及两腿之间的皮下，患部呈蓝紫色或蓝绿色，见于鸡的渗出性素质，由维生素 E-硒缺乏症引起。

皮下出血：见于某些传染病，如禽霍乱、禽流感、大肠杆菌败血症、鸡包涵体肝炎、鸡传染性贫血病等。

皮下化脓或坏死：常发生在胸骨的前部，见于由金黄色葡萄球菌、链球菌或大肠杆菌引起的胸骨（龙骨）囊肿。

2）肌肉。

肌肉苍白：常见于各种原因引起的内出血，如卡氏住白细胞原虫病、脂肪肝综合征、鸡白痢、鸡弯曲杆菌病、维生素 E-硒缺乏症、磺胺类药物中毒、肝脏破裂等。

肌肉出血：大头针大小的出血点，见于卡氏住白细胞原虫病；胸肌、腿肌的条状出血，见于传染性法氏囊病、维生素 K 缺乏症、禽流感，也可见于鸡传染性贫血病、禽霍乱、黄曲霉毒素中毒。

肌肉坏死：见于鸡的维生素 E 缺乏症，由金黄色葡萄球菌、链球菌等感染性炎症引起的坏死，由厌氧梭菌感染引起的腐败变质，由注射油乳剂疫苗不当所致的局部肌肉坏死。

肌肉表面有尿酸盐结晶：见于内脏型痛风。

肌肉出现肿瘤：见于马立克氏病。

腓肠肌断裂：见于鸡病毒性关节炎。

肌肉表面出现霉菌斑块：见于鸡曲霉菌病。

肌肉干燥无黏性：见于各种原因引起的失水或缺水，如鸡肾型传染性支气管炎、痛风等。

3）骨骼。

后脑颅骨变薄、变软：见于维生素E缺乏症、雏鸡的佝偻病。

胸骨（龙骨）呈现"S"状弯曲：见于雏鸡佝偻病、严重的绦虫病。

跖骨软、易弯曲：见于雏鸡佝偻病、成年鸡骨软症。

跖骨较硬、易折断：见于饲喂含氟的磷酸氢钙引起的氟中毒。

跖骨上的鳞片隆起，有白色痂片：见于鸡突变膝螨病。

跖骨增厚和粗大，外观呈雨靴状：见于鸡骨瘤。

跖骨上的鳞片出血：见于禽流感。

腱滑脱：见于锰缺乏症。

肌腱出血、断裂：见于鸡病毒性关节炎。

骨髓发黑：见于葡萄球菌、大肠杆菌、禽腺病毒等感染引起的骨髓炎。

骨髓结核：见于鸡结核病。

骨髓白化：见于禽白血病。

骨髓变黄：见于鸡包涵体肝炎。

4）关节。

关节肿胀，触之有热痛感：见于关节周围皮肤擦伤而引起的葡萄球菌、链球菌或大肠杆菌感染，也可见于慢性禽霍乱。若关节肿胀并沿肌腱扩散，则见于鸡滑液囊支原体感染。

胫跖关节肿大、畸形，长骨短粗、质地坚硬：见于雏鸡锰缺乏症、生物素缺乏症。

关节肿胀，触之坚硬、无热感：见于关节型痛风。

关节肿胀，有炎性渗出物：见于葡萄球菌、链球菌、大肠杆菌、沙门菌、巴氏杆菌等引起的感染。

关节内有尿酸盐结晶：见于关节型痛风。

骨关节肿大，骨质变软：见于雏鸡佝偻病。

5）脚爪和肉垫。

脚爪皮肤干燥：见于鸡的 B 族维生素缺乏症或多种原因引起的腹泻，也可见于内脏型痛风。

脚爪皮肤发紫或有出血点：见于新城疫、禽流感、急性禽霍乱、雏鸡维生素 E 缺乏症。

脚爪蜷曲、麻痹：见于维生素 B_2 缺乏症、马立克氏病，也可见于成年鸡维生素 A 缺乏症。

脚爪皮肤结痂干裂或脱落：见于雏鸡泛酸缺乏症。

"红掌病"：表现为脚垫皮层脱落，露出真皮，呈红色，见于生物素缺乏症或脚垫受强氧化剂（如高锰酸钾）等腐蚀所致。

脚爪和肉垫肿胀化脓：多为脚爪受外伤后感染化脓菌（如葡萄球菌）、支原体所致；鸡舍内垫料过湿也可见到类似的情况。

（8）生殖系统及相关部位检查　主要检查卵巢、输卵管、睾丸及鸡蛋等。

1）卵巢、输卵管或睾丸。

卵巢形体显著增大，呈煮肉样菜花状囊肿：见于鸡卵巢腺癌、内脏型马立克氏病等。

卵泡形态不完整、皱缩、变性：见于成年母鸡的鸡白痢、鸡伤寒、鸡副伤寒、大肠杆菌病，也可见于成年母鸡的鸡传染性支气管炎、慢性禽霍乱。

卵泡充血、出血或卵泡血肿：见于新城疫、禽流感等。

输卵管内有凝固性坏死物质：见于产蛋母鸡的卵黄性腹膜炎、鸡伤寒、鸡副伤寒；输卵管内有絮状凝固蛋白，见于低致病性禽流感。

输卵管内的寄生虫：前殖吸虫。

输卵管翻出泄殖腔外：见于产蛋母鸡的输卵管脱垂。

左侧输卵管细小：见于鸡肾型传染性支气管炎。

输卵管积水（囊肿）：见于鸡传染性支气管炎病毒、沙眼衣原体感染、禽流感病毒、减蛋综合征病毒感染后的后遗症，大肠杆菌病，激素分泌紊乱等。

输卵管炎：见于大肠杆菌、沙门菌等引起的感染。

公鸡一侧睾丸显著肿大、切面呈均匀的灰白色：见于内脏型马立克氏病。

公鸡一侧或两侧睾丸肿大或萎缩、睾丸组织有多个坏死灶：见于公鸡的鸡白痢；睾丸萎缩、变性，见于公鸡的维生素 E 缺乏症。

2）鸡蛋形态异常或畸形蛋。

砂壳蛋：表现为蛋壳上发生白垩色颗粒状物沉积，蛋壳表面或两端粗糙，见于蛋鸡锌缺乏症、饲料中钙过量而磷不足，也可见于鸡传染性支气管炎、新城疫等，偶见于母鸡产蛋时受到急性应激，使蛋在子宫内滞留时间长，蛋壳表面额外沉积多余的"溅钙"。

薄壳蛋：常由产蛋鸡的饲料中钙含量不足，或钙磷比例失调，或环境急性应激等因素，影响蛋壳腺碳酸钙沉积功能所致，见于笼养鸡疲劳症、骨软症、热应激综合征，也可见于某些传染病和其他营养代谢病，如鸡副伤寒、大肠杆菌病、鸡白痢、新城疫、锰缺乏或过量等。

软壳蛋：上述薄壳蛋产生的因素几乎都可能导致软壳蛋的出现，此外，还可见于蛋鸡锌缺乏症。

粉皮蛋：表现为蛋壳颜色变淡或呈苍白色，见于蛋鸡新城疫、禽流感等，也可因蛋鸡受营养或环境因素应激后，影响蛋壳腺分泌原卟啉（卵卟啉）的功能所致。

双壳蛋（即具有两层蛋壳的蛋）：见于母鸡产蛋时受惊后输卵管发生逆蠕动，蛋又退回蛋分泌部，刺激蛋壳腺再次分泌出一层蛋壳，从而成为双壳蛋。

无壳蛋：见于由大肠杆菌或沙门菌所致的蛋鸡卵黄性腹膜炎；在蛋鸡内服四环素类药物或产蛋时受到急性应激时也可见到类似情况。

血壳蛋：常由于蛋体过大或产道狭窄引起蛋壳表面附有片状、带状血迹，见于刚开产的蛋鸡，也可由蛋鸡蛋壳腺黏膜弥漫性出血所致。

裂纹蛋（蛋壳表面可见明显裂缝）：见于蛋鸡锰缺乏症、磷缺乏症。

皱纹蛋（蛋壳有皱褶）：见于蛋鸡的铜缺乏症。

血斑蛋：见于产蛋鸡饲料中维生素 K 不足、硝苄丙酮香豆素等维生素 K 类似物过量等。

肉斑蛋：见于由大肠杆菌、沙门菌等引起的输卵管炎。

双黄蛋：见于食欲旺盛的高产母鸡，这是由于 2 个蛋黄同时从卵巢下行，同时通过输卵管并被壳膜和蛋壳包在一起，从而形成体积特别大的双黄蛋。

（9）心血管系统检查 主要检查心脏、心包等。

心包膜有纤维素渗出：见于大肠杆菌病、慢性呼吸道病、衣原体病。

心包膜有尿酸盐沉积：见于内脏型痛风。

心包积液或含有纤维蛋白：大肠杆菌病、鸡心包积液、慢性呼吸道病、禽霍乱、鸡白痢、鸡副伤寒、肉雏鸡维生素 E-硒缺乏症，也可见于禽流感、李氏杆菌病、衣原体病、住白细胞原虫病、食盐中毒、氟乙酰胺中毒、磷化锌中毒。

心肌有灰白色坏死或有小结节或肉芽肿：见于鸡白痢、鸡伤寒、鸡副伤寒、大肠杆菌病、李氏杆菌病、马立克氏病、住白细胞原虫病。

心冠脂肪出血或心内膜有出血斑点：见于禽霍乱、禽流感、鸡伤寒、败血型雏鸡白痢、大肠杆菌病败血症，也可见于鸡食盐中毒、磺胺类药物中毒、棉籽饼中毒、氟乙酰胺中毒。

心肌缩小、心冠脂肪呈现透明样外观：见于慢性传染病、严重寄生虫病或严重的营养不良，如鸡结核病、马立克氏病、禽淋巴细胞性白血病、慢性鸡伤寒、鸡副伤寒、严重的鸡蛔虫病和绦虫病等。

心内膜炎：见于葡萄球菌病。

右心衰竭：见于肉鸡腹水综合征。

心脏表面有白色尿酸盐沉积：见于内脏型痛风。

三、投药方法

（1）混于饲料 将药物混于饲料是养鸡场最常使用的方法之一。这种方法方便、简单、不浪费药物，适合需要长期使用、不易或不溶于水的药物。但此方法使用时应特别注意药物和饲料要混合均匀，否则会出现一些鸡采食后引起中毒、一些鸡因药物摄入量不足达不到治疗目的的情况。

（2）溶于饮水 将药物溶于饮水也是养鸡场常用的投药方法，适用于短期投药、紧急治疗、鸡发病后不能采食但能饮水时的投药。饮水投药只适于能溶于水的药物。

（3）体内注射 对于难以被肠道吸收的药物，为获得最佳疗效，常用注射法给药，常用的注射法是皮下注射和肌内注射。皮下注射是选取结缔组织疏松部位如颈部或胸部注射，药物经毛细血管吸收，吸收速度比肌内注射稍慢，刺激性药物及油类药物不宜皮下注射，否则会引起蜂窝织炎或硬结。肌内注射是选取血管丰富的肌肉处进行注射，如胸肌，一般 5~10 分钟发挥药效，药量大时应分点注射。

（4）**经口投服**　经口投服是直接把药物放在鸡的食道上端，用带有软塑料管的注射器把药物注入消化道，此方法适用于大群鸡中的个别治疗，虽费时费力，但投药准确，疗效较好。

（5）**体表用药**　鸡患有体外寄生虫，或有啄肛、脚垫肿等外伤时，可在体表涂抹或喷洒药物。

第三章 鸡的免疫接种

一、疫苗的保存、运输与使用

疫苗必须根据其性质妥善保存。灭活菌苗、弱毒菌苗、类毒素疫苗、免疫血清及诊断液要保存在低温干燥阴暗的地方，温度维持在2～8℃，防止冻结、高温和阳光直射。弱毒的病毒疫苗最好在－15℃或更低的温度下保存，才能更好地保持其效力。各种疫苗在规定温度下保存的期限，不得超过该制品的有效保存期。疫苗在使用之前，要逐瓶检查。发现玻璃瓶或安瓿破损、瓶塞松动、没有标签或标签不清、过期失效、制品的色泽和性状与该制品说明书不符或没有按规定的方法保存的，都不能使用。

疫苗运输时应注意瓶口朝上放置，用冰袋保存；选择发货速度快、确保客户当天能拿到的运输方式。每周还应至少检查1次冰箱是否正常运转、温度是否达标。发货时遵守先进先发原则，对库存的疫苗一定要关注每批疫苗的有效期，减少疫苗报废数量。

使用疫苗时应该于临用前再将疫苗由冰箱中取出，稀释后尽快使用。活疫苗，尤其是稀释后的活疫苗，于高温条件下容易死亡，时间越长死亡越多。一般来说，马立克氏病疫苗应于稀释后2小时内用完，其他疫苗也应于4小时内用完，当天未用完的疫苗应废弃，不能再用。

稀释疫苗时必须使用合乎要求的稀释剂。除个别疫苗要用特殊的稀释剂外，一般用于点眼、滴鼻及注射的疫苗稀释剂是灭菌生理盐水或灭菌的蒸馏水。放于饮水中的疫苗，稀释剂最好使用蒸馏水或去离子水，也可用洁净的深井水，但不能用含消毒剂的自来水，因为自来水中的消毒剂会影响免疫效果。稀释疫苗的一切用具，包括注射器、针头及容器，使用前必须洗涤干净并经高压灭菌或煮沸消毒。不干净的和未经灭菌的用具，会对免疫效果造成不利影响，或者造成疫苗的污染。

稀释疫苗时，应该用玻璃注射器先把少量的稀释剂加入疫苗瓶中，充分振摇使疫苗均匀溶解后，再加入其余的稀释剂。当疫苗瓶太小，不能装入全量的稀释剂，需要把疫苗吸出放入另一容器时，应该用稀释剂把原疫苗瓶冲洗几次，使全部的疫苗有效成分都被洗下来。

接种时，吸取疫苗的针头要固定，注射时做到1只1针，以避免通过针头传播病原体。按疫苗说明书规定的用法用量使用，使用前应充分摇匀。

二、疫苗质量的测定

（1）物理性状的观察　生物制品使用前应认真检查外包装有无破损，外观是否符合各类制品规定的要求。例如，冻干活疫苗应是疏松海绵状固体，稀释后团块迅速溶解均匀，无异物和干缩现象。玻璃瓶有裂纹、瓶塞松动及药品色泽等物理性状与说明书不相符者，不得使用。

（2）冻干活疫苗真空度的测定　测定真空度时采取高频火花测定器。测定时瓶内出现蓝色或紫色光者为真空（切勿直对瓶盖），不透光者为无真空。不得使用无真空疫苗。

（3）效力检查　效力检查在生产实践中具有重要意义。凡合法生物药品制造厂所生产的疫苗，均应为经过检验的合格产品，产品附有批准文号、生产日期、批号、有效期等说明。但在生产实践中，往往由于保存、运输及使用不当等原因，造成疫苗质量下降。为确保免疫效果，疫苗在使用前应进行效力检验，应严格按农业农村部确定的检验方法进行。

三、鸡群免疫程序和常用疫苗

1. 免疫程序的制定

1）了解当地的疫病流行特点，根据当地的疫病流行特点来制定基本的免疫程序框架。

2）了解各种疫苗的特性，合理安排各种疫苗的防疫次序，避免疫苗交叉干扰。

3）结合鸡场自身的发病史，制定特定免疫程序，务必记录好该场已发过的病种、发病日龄、发病频率，依此确定投苗免疫的种类和免疫时机。

4）如果鸡场已有免疫程序和使用的疫苗，但某一传染病始终控制不住，这时应考虑原来的免疫程序是否合理或疫苗毒株是否用对，应及时改变免疫程序或疫苗。

5）测定雏鸡的母源抗体。了解雏鸡的母源抗体的水平、抗体的整齐度，有助于确定首免时间。避免母源抗体干扰，可以更加合理地制定免疫程序。

6）确定合理的免疫途径。不同疫苗或同种疫苗通过不同的免疫途径进行免疫，其效果完全不同，应根据具体情况选择。

7）考虑季节性因素，根据季节交替情况，适时合理调整免疫程序，预防季节性疾病的发生。

2. 鸡群一般免疫程序

（1）父母代种鸡免疫程序　父母代种鸡的免疫程序可参考表3-1。

表3-1　父母代种鸡免疫程序

日龄/天	疫　苗	接种方式
1	马立克氏病	颈部皮下注射
1	鸡传染性支气管炎	气雾
3	鸡球虫病	拌料
7	新城疫	滴口
	禽呼肠孤病毒	颈部皮下注射
	鸡痘	刺种
14	新城疫-禽流感（H9亚型）-禽腺病毒	颈部皮下注射
21	禽流感（H5亚型）	肌内注射（左）
	新城疫-传染性支气管炎	点眼
30	鸡痘	刺种
	败血支原体-滑液囊支原体	颈部皮下注射
	败血支原体	点眼（左）
	滑液囊支原体	点眼（右）
40	肠炎沙门菌	饮水
50	新城疫-传染性支气管炎	点眼
	新城疫-传染性支气管炎-禽流感（H9亚型）	肌内注射（右）
	鸡贫血因子/贫血性皮炎综合征	刺种
	病毒性关节炎	颈部皮下注射

（续）

日龄/天	疫　苗	接种方式
64	禽流感（H5 亚型）	肌内注射（左）
	传染性鼻炎	肌内注射（腿肌）
88	新城疫-传染性支气管炎 + 传染性支气管炎	气雾
	新城疫-传染性支气管炎-禽流感-传染性法氏囊病	肌内注射（右）
	禽脑脊髓炎-鸡痘 + 鸡贫血因子/贫血性皮炎综合征	刺种
103	禽流感（H5 亚型）	肌内注射（左）
	鸡传染性喉气管炎	点眼
118	肠炎沙门菌	饮水
	传染性鼻炎	肌内注射（右）
	败血支原体-滑液囊支原体	颈部皮下注射
	传染性鼻炎	肌内注射（左）
	新城疫-传染性支气管炎-减蛋综合征-禽流感（H9 亚型）	肌内注射（右）
146	禽流感（H5 亚型）	肌内注射（左）
	新城疫-传染性支气管炎-传染性法氏囊病-禽呼肠孤病毒	肌内注射（右）
	新城疫-传染性支气管炎 + 传染性支气管炎	气雾
165	禽流感（H5 亚型）	肌内注射（左）
	新城疫-禽流感（H9 亚型）-禽腺病毒	肌内注射（右）
173	新城疫-传染性支气管炎	气雾
	新城疫	饮水
215	新城疫-传染性支气管炎	气雾
	新城疫	饮水
243	禽流感（H5 亚型）	肌内注射（左）
	新城疫-传染性支气管炎-禽流感（H9 亚型）	肌内注射（右）
257	新城疫-传染性支气管炎	气雾
	新城疫	饮水

第三章

（续）

日龄/天	疫　苗	接种方式
299	新城疫-传染性支气管炎	气雾
	新城疫	饮水
313	禽流感（H5 亚型）	肌内注射（左）
	新城疫-传染性支气管炎-禽流感（H9 亚型）	肌内注射（右）
341	新城疫-传染性支气管炎	气雾
	新城疫	饮水
383	新城疫	饮水
	新城疫-传染性支气管炎	气雾
	禽流感（H5 亚型）	肌内注射（左）
	新城疫-传染性支气管炎-禽流感（H9 亚型）	肌内注射（右）
425	新城疫-传染性支气管炎	气雾
	新城疫	饮水

（2）商品蛋鸡免疫程序　商品蛋鸡的免疫程序可参考表 3-2。

表 3-2　商品蛋鸡免疫程序

日龄/天	疫　苗	接种方式
1	马立克氏病	皮下注射
3	鸡传染性支气管炎（Ma5 株）+ 新城疫	滴鼻、点眼
10	新城疫 + 禽流感（H5 亚型）+ 禽流感（H9 亚型）	颈后皮下注射（1/2 量）
14	传染性法氏囊病	饮水
	鸡传染性支气管炎（H_{120} 株）	滴鼻、点眼或大雾滴气雾
21	鸡传染性支气管炎马萨诸塞州血清型（Ma5 株）+ 新城疫	大雾滴气雾
	鸡痘	刺种
30	传染性法氏囊病	饮水
	禽流感（H5 亚型）+ 禽流感（H9 亚型）	注射
	传染性鼻炎	皮下注射

第三章

（续）

日龄/天	疫 苗	接种方式
55	鸡传染性支气管炎（H$_{120}$株）+新城疫（LaSota株）	气雾
65	鸡传染性喉气管炎	点眼
80	败血支原体	注射
90	禽脑脊髓炎+鸡痘	刺种
	新城疫（LaSota株）	气雾
	禽流感（H5亚型）+禽流感（H9亚型）	肌内注射
100	传染性支气管炎（4/91株）+传染性支气管炎（H$_{120}$株）	气雾
110	减蛋综合征	皮下注射
	传染性鼻炎	皮下注射
120	新城疫（LaSota株）	气雾
130	鸡传染性喉气管炎	点眼
140	新城疫+传染性法氏囊病+传染性支气管炎	皮下注射
	减蛋综合征	注射
	败血支原体	注射
	禽流感（H5亚型）+禽流感（H9亚型）	皮下注射
24周龄	传染性支气管炎（H$_{120}$株）+新城疫（LaSota株）	气雾
28周后每隔8~10周	新城疫（LaSota株）	气雾
40周龄	新城疫+禽流感（H5亚型）+禽流感（H9亚型）	皮下注射

（3）商品肉鸡免疫程序 商品肉鸡的免疫程序可参考表3-3和表3-4。

第三章

表3-3 商品肉鸡免疫程序（一）

日龄/天	疫 苗	接种方式
1	新城疫Ⅳ系 + 传染性支气管炎（H_{120}株）	气雾
5	新城疫 + 禽流感（H5 亚型） + 禽流感（H9 亚型）油苗	注射（1/2 量）
10	新城疫（LaSota 株） + 传染性支气管炎（Mass 型 + Conn 型）	点眼
16	传染性法氏囊病（中等毒力）	饮水
22	新城疫（Ⅳ系）	饮水

表3-4 商品肉鸡免疫程序（二）

日龄/天	疫 苗	接种方式
1	新城疫 + 传染性支气管炎（H_{120}株 + 28/86 株）	大雾滴气雾
7	新城疫 + 禽流感（H5 亚型） + 禽流感（H9 亚型）	注射（1/2 量）
	新城疫（LaSota 株）	滴鼻点眼
18	传染性支气管炎（DNF 株）	饮水
23	新城疫（LaSota 株）	气雾或饮水（2 倍量）

3. 鸡常用疫苗

目前经批准的鸡场常用疫苗有以下几类。

(1) 禽流感疫苗 重组禽流感病毒（H5 + H7）二价灭活疫苗（H5N1 Re-8 株 + H7N9 H7- Re1 株）、禽流感灭活疫苗（H5N2 亚型，D7 株）、禽流感病毒 H5 亚型灭活疫苗（D7 株 + rD8 株）、禽流感病毒 H9 亚型灭活疫苗。

(2) 鸡新城疫疫苗 鸡新城疫活疫苗（LaSota 株）、鸡新城疫灭活疫苗（LaSota 株）、鸡新城疫活疫苗（Clone30 株）、鸡新城疫活疫苗（CS2 株）、鸡新城疫活疫苗（HB1 株）、重组新城疫病毒灭活疫苗（A-Ⅶ株）等。

(3) 马立克氏病疫苗 马立克氏病火鸡疱疹病毒活疫苗（FC- 126 株），马立克氏病活疫苗（814 株），马立克氏病Ⅰ型、Ⅲ型二价活疫苗

（814 株 + HVT Fc-126 克隆株），马立克氏病活疫苗（CVI988 株），马立克氏病Ⅰ+Ⅲ型二价活疫苗（CVI988 + FC126 株）。

（4）鸡传染性法氏囊病疫苗　鸡传染性法氏囊病活疫苗（B87 株）、鸡传染性法氏囊病活疫苗（NF8 株）、鸡传染性法氏囊病弱毒活疫苗（BJ836 株）、鸡传染性法氏囊病中等毒力活疫苗（K85 株）。

（5）鸡传染性支气管炎疫苗　鸡传染性支气管炎活疫苗（H_{120} 株）、鸡传染性支气管炎活疫苗（H_{52} 株）、鸡传染性支气管炎活疫苗（W93 株）、鸡传染性支气管炎活疫苗（LDT3- A 株）、鸡传染性支气管炎活疫苗（NNA 株）。

（6）鸡毒支原体疫苗　鸡毒支原体活疫苗、鸡毒支原体灭活疫苗。

（7）鸡传染性鼻炎疫苗　鸡传染性鼻炎（A 型）灭活疫苗、鸡传染性鼻炎（A 型、C 型）二价灭活疫苗。

四、免疫接种的常用方法

对鸡进行免疫接种常用的方法有：点眼、滴鼻、皮下或肌内注射、刺种、羽毛囊涂擦、擦肛、气雾、饮水、拌料、浸头等，在生产中采用哪一种方法，应根据疫苗的种类、性质及本场的具体情况决定，既要考虑工作方便，又要考虑免疫效果。

1. 点眼、滴鼻法

点眼、滴鼻是使疫苗通过上呼吸道或眼结膜进入体内的接种方法，适用于鸡新城疫Ⅱ系（B1 株）、Ⅲ系（F 株）、Ⅳ系（LaSota）疫苗、鸡传染性支气管炎疫苗及鸡传染性喉气管炎弱毒疫苗的接种。这种接种方法尤其适合于幼雏、产蛋期的鸡，它可以避免疫苗病毒被母源抗体中和，应激小，对产蛋影响较小，从而有比较良好的免疫效果。点眼、滴鼻是逐只进行的，能保证每只鸡都能得到剂量一致的免疫，免疫效果确实，抗体水平整齐。因此，一般认为点眼、滴鼻是弱毒疫苗接种的最佳方法。

疫苗稀释液一般用生理盐水、蒸馏水或者凉开水，不要随便加入抗生素或其他化学药物。稀释液的用量要准确，最好用滴管或针头事先做滴试，确定每毫升有多少滴，然后再计算疫苗稀释液的实际用量。一般每 1000 只鸡的疫苗用 70 ~ 100 毫升稀释液稀释。免疫前，首先用吸管吸取少量稀释液移入疫苗瓶中，待疫苗完全溶解后，再倒入稀释液混匀，即可使用。为使操作准确无误，一手一次只能抓1只鸡，不能一手同时抓几只鸡。在滴入疫苗之前，应把鸡的头颈摆成水平姿势（一侧眼鼻朝天，另一侧眼鼻朝地），并用手指按住向地面一侧的鼻孔。接种时，用清洁的吸管在每只鸡的一侧眼睛或鼻孔处分别滴1滴稀释的疫苗液，当滴入眼结膜或鼻孔的疫苗被吸入后再放开鸡。稀释的疫苗要在1~2小时内用完。

2. 皮下注射法和肌内注射法

注射法作用迅速，尤其是种鸡免疫最好采用此法。灭活疫苗必须采用肌内注射法，不能口服，也不能用于点眼、滴鼻。

皮下注射法和肌内注射法作用迅速，剂量准确，效果确实，对于小群而又需要加强免疫力的鸡，最好采用此法。操作时一般使用连续注射器。使用前先调整好剂量，然后再进行注射。

在操作时应注意：疫苗稀释液应是经消毒而无菌的，不要随便加入抗菌药物。疫苗的稀释和注射量应适当，量太小则操作时误差较大，量太大则操作麻烦，一般以每只鸡0.2~1毫升为宜。注射器及针头用前均应消毒，皮下注射的部位一般选在颈部背侧，肌内注射部位一般选在胸肌或肩关节附近的肌肉丰满处。针头插入的方向和深度也应适当。颈部皮下注射时，针头方向应向后向下，与颈部纵轴基本平行，对雏鸡注射时的插入深度为0.5~1厘米，对日龄较大的鸡的插入深度可为1~2厘米；胸部肌内注射时，针头方向应与胸骨大致平行，在将疫苗液推入后，应慢慢拔出针头，以防疫苗液漏出。在注射过程中，应边注射边摇动疫苗瓶，力求疫苗混合均匀；应先接种健康群，再接种假定健康群，最后接种有病的鸡群。吸取疫苗的针头和注射鸡的针头应绝对分开，尽量注意卫生，以防止因免疫注射而引起传染病的扩散或引起接种部位的局部感染。

皮下注射法用于马立克氏病疫苗时，可以用该疫苗的专用稀释液200毫升稀释1000头份的疫苗，每只鸡注射0.2毫升，注射时用食指和拇指将雏鸡的颈背部皮肤捏起呈三角形，沿着该三角的下部刺入针头并注射。

3. 刺种法

刺种法适用于鸡痘疫苗、鸽痘疫苗、鸡新城疫Ⅰ系疫苗的接种。接种时，将 1000 头份的疫苗用 25 毫升生理盐水稀释，充分混合均匀，然后用接种针蘸取疫苗，刺种于鸡翅膀内侧无血管处，雏鸡刺种 1 针，成年鸡刺种 2 针。鸽痘疫苗可在鼻瘤处刺种。

4. 羽毛囊涂擦法

羽毛囊涂擦法可用于鸡痘疫苗和鸽痘疫苗的接种。接种时，把 1000 头份的疫苗用 30 毫升生理盐水稀释，在腿部内侧拔去 3～5 根羽毛后，用棉签蘸取疫苗逆向涂擦。

5. 擦肛法

擦肛法仅用于鸡传染性喉气管炎强毒型疫苗的接种，方法是将 1000 头份的疫苗稀释于 30 毫升的生理盐水中，然后将鸡倒提，使肛门向上，将肛门黏膜翻出，用接种刷蘸取疫苗刷肛门黏膜，至黏膜发红为止。

6. 气雾法

气雾法是用压缩空气通过气雾发生器，使稀释疫苗形成直径为 1～10 微米的雾化粒子，均匀地浮游于空气之中，随呼吸进入鸡体内，以达到免疫的目的。

气雾免疫不但省时省力，而且对某些对呼吸道有亲嗜性的疫苗特别有效，如鸡新城疫Ⅱ、Ⅲ、Ⅳ系弱毒疫苗，鸡传染性支气管炎弱毒疫苗等。但是气雾免疫对鸡的应激作用较大，尤其会加重慢性呼吸道病及大肠杆菌引起的气囊炎。所以，必要时可在气雾免疫前后在饲料中加入抗菌药物。进行气雾免疫时应注意：

1）用于气雾免疫的疫苗必须是高效的，通常采用加倍的剂量。

2）稀释疫苗最好用去离子水或蒸馏水，水中可加入 0.1% 的脱脂奶粉及明胶，水中不能含任何盐类，以免雾粒喷出后迅速干燥引起盐类浓度提高，从而影响疫苗的活力。

3）雾粒大小要适中，一般以喷出的雾粒 70% 以上直径在 1～12 微米为最好。雾粒过大，停留在空气中的时间短，也易被黏膜阻止，不能进入呼吸道；雾粒过小，则易被呼气排出。

4）喷雾时鸡舍应密闭，减少空气流动，避免阳光直时，喷毕 20 分钟后开启门窗。

7. 饮水法

对于大型养鸡场，因鸡数量多，逐只免疫费时费力且对鸡群影响较大，还不能在短时间内达到整群免疫。因此，在生产实践中可用饮水免疫法。饮水免疫目前主要用于鸡新城疫Ⅱ系、Ⅳ系疫苗，鸡传染性支气管炎疫苗（H_{120}株、H_{52}株），鸡传染性法氏囊病疫苗的接种免疫。

饮水免疫虽然省时省力，但由于种种原因会造成鸡饮入疫苗的量不均一，抗体效价参差不齐。而且许多研究者证实，饮水免疫引起的免疫反应最小，往往不能产生足够的免疫力，不能抵御强毒株的感染。这是因为疫苗只有在接触到鸡的鼻、咽部黏膜时，才引起免疫反应，而进入腺胃中的疫苗会很快死亡，造成免疫效果较差，且易受多种因素影响。因此，饮水免疫应注意如下事项。

（1）饮水质量 饮水中的消毒剂残留可以使大量的疫苗被灭活，并可能使接种失败。如担心有其他残留，可用生理盐水、蒸馏水或凉开水稀释疫苗。

（2）饮水器（槽）和水管状况 要准备充足的饮水器（槽），确保绝大多数鸡能够同时饮到水。在接种疫苗前，要用不含消毒剂的水清洗饮水器（槽）。最好在接种疫苗前几天用浓柠檬酸（枸橼酸）溶液通过水管24小时，以清除附着在管壁上的有机物。此外，在接种前24小时，用炼乳或脱脂奶粉经加药器通过供水系统，以中和残留的消毒剂。饮水器不宜用金属制品，以免降低疫苗效价。

（3）停止饮水的时间 根据经验，大多数鸡群要停水2小时才能产生渴感。但是，还要根据环境因素，特别是根据舍温进行调整。如果舍温高（29～32.2℃），停止饮水1小时就可使鸡产生适度的渴感；如果舍温低（21.1℃以下），则需4小时或4小时以上。所以饮水免疫前应停止供水2～4小时，一般夏季可停水2小时左右，冬季停水4小时左右。

（4）疫苗剂量和可配伍性 饮水免疫的剂量一定要足，一般是滴鼻、点眼剂量的2～3倍。同时，未经证实可以配伍的疫苗不可随意配合使用。

（5）接种疫苗的持续时间 从理论上讲，应当在清晨给鸡接种疫苗，并且应当在2小时内让鸡将疫苗水全部饮完。饮水不足1小时，会使一些鸡无法饮到足够剂量的疫苗；如果超过2小时，则可能损害疫苗的活力。

（6）鸡群的健康状态 在一般情况下，只给健康鸡接种疫苗。在接种疫苗后，最好对鸡群细心观察几天，以检查接种后有无不良反应。此外，不能给处于应激状态的鸡群接种疫苗，因为应激本身是一种免疫抑制并且可以干扰主动免疫，此时接种很可能使疫苗反应加大。

8. 拌料法

拌料法主要用于乡村鸡群新城疫的免疫接种。澳大利亚国际农业研究中心研发了一种简单、廉价而有效的新城疫疫苗。这种疫苗的疫苗株是无毒的澳大利亚新城疫 V4 毒株的耐热变种，称为 NDV4-UPM。将含这种疫苗的饲料喂给鸡，可以让鸡对新城疫产生免疫力。

9. 浸头法

浸头法现在已经较少使用。此法可使鸡的眼、鼻和口腔沾有较多疫苗，免疫效果良好。操作方法是按每只鸡 0.5~1.0 毫升（20 日龄以下的鸡为 0.5 毫升）的剂量，用生理盐水或凉开水稀释疫苗，注入茶碗或其他广口的容器中至 3/4 处（防止溢出）。将鸡的腿和翅抓住，助手将鸡头按在装有稀释疫苗的容器中（没过眼部），浸 2 秒后，迅速拿出，放回鸡群，再换另外一只。此法操作速度快、效率高，熟练者每小时可接种 1000 只鸡左右，且此法产生的抗体水平较一般的免疫方法略高。

五、免疫接种失败的主要原因

免疫是控制鸡传染病的重要手段，几乎所有鸡群都需进行免疫接种。然而有时鸡群经免疫接种后，不能抵御相应特定疫病的流行，造成免疫失败，出现旧病常发，新病迭出的趋势。导致这一状况的因素是多方面的，在实际工作中应全面考虑，周密分析，找出免疫失败的原因。为了便于分析，开阔思路，现将常见原因归纳如下：

1. 母源抗体的影响

种鸡饲养过程中对各种疫苗的广泛应用，使雏鸡母源抗体水平可能很高，若接种过早，疫苗会被母源抗体中和，从而影响疫苗免疫力的产生。如：若有同源母源抗体存在时将疫苗注入雏鸡体内，则可使马立克氏病火鸡疱疹病毒疫苗的保护力下降 38.8%。

2. 疫苗质量的影响

（1）保存不当导致疫苗失效　疫苗从出厂到使用中间要经过许多环节。如果某一环节未能按要求储藏、运输，或由于停电使疫苗反复冻融，就会使疫苗中的有效成分失活，导致失效。

（2）疫苗过期失效　在储藏过程中，疫苗中部分微生物会死亡，而且随着时间的延长死亡越来越多，所以疫苗过期后，会因大部分病毒或细菌死亡而失效。

3. 疫苗选择不当

在疫病严重流行的地区，仅选用安全性好但免疫力较低的疫苗品系，会造成免疫失败。例如，在有速发性嗜内脏型新城疫流行的地区选用弱毒的Ⅲ系或Ⅳ系疫苗，产生的抗体不足以抵御强毒的攻击。另外，有的疫苗有几个不同的品系，不同的品系其毒力不同，若首免时选用毒力较强的品系，不但起不到免疫保护的作用，而且接种后会引起发病，从而导致免疫失败。

4. 疫苗使用不当

疫苗在使用过程中，各种因素均可影响其效价。

（1）稀释液选择不当　多数疫苗稀释时可用生理盐水或蒸馏水，个别疫苗需用专用稀释液稀释。若将需专用稀释液的疫苗用生理盐水或蒸馏水稀释，则疫苗的效价就会降低，甚至完全失效。

（2）用活疫苗免疫的同时使用抗菌药物，影响免疫力的产生　表现为用疫苗的同时饮服消毒水；饲料中添加抗菌药物；舍内喷洒消毒剂；在紧急免疫的同时用抗菌药物进行防治。上述行为中因鸡体内同时存在疫苗成分及抗菌药物，造成活菌苗被抑杀、活毒苗被直接或间接干扰，灭活苗也会因药物的存在不能充分发挥其免疫潜能，最终疫苗的免疫力和药物的防治效果都受到影响。

（3）盲目联合应用疫苗　盲目联合应用疫苗主要表现在同一时间内以不同的途径接种几种不同的疫苗。多种疫苗进入体内后，其中的一种或几种抗原成分产生的免疫成分，可能被另一种抗原性最强的成分产生的免疫反应所遮盖；另外，疫苗病毒进入体内后，在复制过程中会相互干扰，导致免疫失败。

（4）免疫剂量不准　免疫使用剂量原则上必须以说明书的剂量为标准，剂量不足，不能激发机体产生免疫反应；剂量过大，产生免疫麻痹而使免疫力受到抑制。目前，在生产中多存在"宁多勿少"的偏见，接种时任意加大免疫剂量，会对免疫效果产生消极影响。

（5）**免疫途径不当** 免疫接种的途径取决于相应疾病病原体的性质及入侵途径。对全嗜性的病原，可用多种渠道接种，嗜消化道的多用滴口或饮水，嗜呼吸道的用滴鼻或点眼等。免疫途径错误也会影响免疫效果，如传染性法氏囊病的入侵途径是消化道，该病病毒是嗜消化道的，所以传染性法氏囊病疫苗应采用饮水法免疫，滴鼻效果就比较差。

（6）**疫苗稀释后使用的时间过长** 从零下几十度的冰箱中取出的冻干苗，应该在室温下放置一定时间，尽可能缩小与稀释剂的温差后再进行融化，以免由于温度的骤升使疫苗中致弱的微生物失去活性。疫苗稀释后要在30~60分钟内用完。因为疫苗稀释后除了温度升高外，浓度也降低了，且疫苗中有效成分与外界的光线、水有了更广泛的接触。由于外界物理因素的突然刺激，疫苗中有效成分被破坏。根据试验，疫苗稀释后的用完时间与免疫力产生的保护率存在负相关性。已知多数稀释的疫苗超过3小时再接种，对机体的保护率为零。

（7）**免疫接种工作不细致** 接种工作不细致包括采用饮水免疫时鸡饮水不足，进行疫苗稀释时剂量计算错误或稀释不均匀，没有把应该接种的鸡只全部接种等。

5. 早期感染

接种时鸡群内已潜伏有强毒病原微生物，或由于接种人员及接种用具消毒不严带入强毒病原微生物。

6. 应激及免疫抑制因素的影响

饥渴、寒冷、过热、拥挤等不良因素的刺激，能抑制机体的体液免疫和细胞免疫，从而导致疫苗免疫保护力下降。传染性法氏囊病病毒不仅侵害法氏囊，而且损害脾脏和胸腺，导致长时间的B淋巴细胞免疫抑制和短期的T淋巴细胞免疫抑制，降低了对疫苗的免疫应答，从而导致免疫失败。有试验表明，传染性法氏囊病病毒感染，可使马立克氏病火鸡疱疹病毒疫苗产生的免疫力下降20%~40%，已接种马立克氏病疫苗的鸡群感染了传染性法氏囊病病毒后，再发生马立克氏病的概率超过没有感染传染性法氏囊病病毒鸡群的7倍以上。鸡网状内皮组织增生病病毒和禽淋巴细胞性白血病病毒，也能降低T、B淋巴细胞的活性，减弱各种疫苗的免疫应答。鸡传染性贫血病病毒的感染也可导致免疫抑制。

7. 疫苗与病原的血清型不同

有的病原微生物有多个血清型，如果疫苗的血清型与感染的病毒或细菌的血清型不同，则免疫后起不到保护作用。

8. 超强毒株感染

现已证明马立克氏病病毒存在超强毒株，火鸡疱疹病毒疫苗对其免疫效果很差，传染性法氏囊病病毒也出现了超强毒株。感染超强毒株也会造成免疫失败。

第三章

 鸡病毒性传染病的诊治

一、新城疫

新城疫是由新城疫病毒引起的高度接触性的急性败血性传染性疾病，发病急、死亡快、死亡率高。新城疫病毒属副黏病毒科副黏病毒亚科腮腺炎病毒属。新城疫病毒粒子呈圆形，表面有凸起，并含有血凝素，具有凝集红细胞的特性。

【流行特点】 鸡、鸭、鹅、鸽子、鹌鹑都具有易感性，其中鸡最易感，不同品种、不同日龄的鸡都能感染，雏鸡、育成鸡（42～100日龄）最易感，老龄鸡有抵抗力，外来品种的鸡比本地鸡易感染。该病一年四季都可发生，冬、春季多发。病鸡、带毒鸡是主要的传染源。病鸡与健康鸡接触时，新城疫病毒主要通过呼吸道感染；鸡的分泌物中含有大量病毒，病毒污染了饲料、饮水、地面和用具等，可通过消化道感染该病；也可通过带病毒的尘埃、飞沫进入呼吸道引起感染。买卖、运输、违规屠宰病死鸡也是造成新城疫流行的主要因素。

【临床症状】 该病自然感染潜伏期为3～5天，临床上根据不同的症状表现和病程长短，将该病分为最急性型、急性型、亚急性型或慢性型3型。

（1）**最急性型** 该型发病急、死亡快，缺乏特征性临床症状。

（2）**急性型** 病鸡病初体温升高（42℃左右），精神沉郁，采食下降，呼吸困难，不愿走动，肉髯和鸡冠变成暗红色或暗紫色；排绿色或白色稀便，嗉囊空虚，充满大量酸臭液体，倒提病鸡往往从口腔中流出黏液；伸长脖子；产蛋率下降，软壳蛋、无壳蛋和褪色蛋增多。

（3）**亚急性型或慢性型** 该型由急性型转变而来，主要表现神经症状，病鸡头颈向后或向一侧扭转呈"观星"姿势，站立不稳，常伏地旋

转，受刺激后加重，无目的点头，翅、腿麻痹，瘫痪。

国际上一般将该病的临床表现分为如下 4 个类型：

（1）速发性嗜内脏型 也称 Doyle 氏型新城疫。该型病鸡发病突然，有时鸡只不表现任何症状而死亡。起初病鸡倦怠，呼吸增加，虚弱，死前衰竭，4～8 天内死亡。常见眼及喉部周围组织水肿，拉绿色、有时带血的稀粪。活下来的鸡出现阵发性痉挛，肌肉震颤，颈部扭转，角弓反张。其他中枢神经表现为面部麻痹，偶然出现翅膀麻痹。死亡率可达 90% 以上。

（2）速发性嗜肺脑型 也称 Beach 氏型新城疫。该型病鸡表现为突然发病，传播迅速。病鸡可见明显的呼吸困难、咳嗽和气喘。有时能听到"咯咯"的喘鸣声，或突然的怪叫声，继之呈昏睡状态。食欲下降，不愿走动，垂头缩颈，产蛋下降或停止。1～2 天内或稍后会出现神经症状，如腿或翅膀麻痹和颈部扭转。在有些病例中，成年鸡死亡达 50% 以上，常见的死亡率为 10%；在未成年的雏鸡中，死亡率高达 90%；火鸡死亡率可达 41.6%，而鹌鹑的死亡率仅为 10%。

（3）中发型新城疫 也称 Beaudette 氏型新城疫。该型主要表现为成年鸡的急性呼吸系统症状，以咳嗽为特征，但极少气喘。病鸡食欲下降，产蛋下降并可能停止产蛋。中止产蛋可能延续 1～3 周，偶发病鸡不能恢复正常产量，蛋的质量也受到影响。

（4）缓发型新城疫 也称 Hitchner 氏型新城疫。在成年鸡中该型症状可能不明显，可由毒力较弱的毒株所致，使鸡只呈现一种轻度的或无症状的呼吸道感染，各种年龄的鸡只很少死亡，但在雏鸡并发其他传染病时，致死率可达 30%。

【病理变化】

（1）最急性型 因为发病急，死亡快，该型大多没有肉眼可见的病变，少数可见胸骨内面和心外膜上有出血点。

（2）急性型 病鸡口腔内有大量黏液和污物，嗉囊内聚集有大量酸臭液体和气体，腺胃肿胀，腺胃乳头出血，肌胃角质层下出血（彩图 1），腺胃与食道交界处有溃疡；肠道淋巴滤泡有枣核状的出血（彩图 2）或坏死，肠道充血或严重出血，十二指肠段最为严重，常呈弥漫性出血，肠道淋巴滤泡肿胀，常凸出于黏膜表面，局部肠管膨大，内有气体和粥样内容物。盲肠扁桃体严重肿胀、出血和坏死（彩图3）。心冠脂肪、心外膜出血，肠系膜、腹腔脂肪上可见出血斑。气管内有大量黏液，喉头、气管环、肺出血。卵泡变形，卵黄变稀，卵黄囊严重充血（彩图4），卵泡破裂，形成卵黄性腹膜炎。

（3）亚急性型或慢性型 该型剖检变化不明显，个别病鸡可见肠卡他性炎，盲肠扁桃体肿胀、出血，小肠黏膜上有纤维素性坏死。

【鉴别诊断】

（1）新城疫与禽流感的鉴别 禽流感病鸡会出现轻微或严重呼吸困难，少数鸡出现头部、眼部肿胀，结膜炎，体温升高，冠、髯发绀。禽流感病鸡病程初期只是拉稀粪，中后期拉黄粪、绿粪或黄绿粪，后期又有部分或少量鸡拉橘黄色稀粪，死亡率很高，发展速度也很快。而新城疫病鸡是不会出现头部、眼部肿胀的，也不出现拉橘黄色粪便和冠、髯发绀。这2种病从呼吸道的异常表现上很难区分，只是新城疫病程一般比高致病性禽流感长。

对于80日龄以下的鸡，无论是患新城疫或是禽流感，胸腺都会出现数量不等的出血点，但新城疫引起的变化只在前1~4对胸腺；禽流感一般引起后几对胸腺出血或肿大。产蛋鸡因为胸腺已经基本退化，就不能通过胸腺鉴别了。

新城疫病鸡的盲肠扁桃体会出现严重的出血肿大；禽流感病鸡只有部分表现盲肠扁桃体严重出血，部分出血不严重，还有很大一部分不引起盲肠扁桃体出血。

新城疫病鸡盲肠细段会出现1个或多个米粒样的凸起并出血；禽流感病鸡盲肠细段不出现变化。当然，通过以上症状和病变的不同可以初步区别新城疫和禽流感，但最终确诊还要通过实验室诊断方法。通过血凝和血凝抑制试验，ELISA、PCR等方法可以确定是否为新城疫；通过琼脂扩散试验可以诊断是否为A型禽流感，用血凝和血凝抑制试验可以确定其病毒血清型。此外还可以通过禽流感新城疫病毒胶体金快速诊断试剂盒快速测定。

（2）新城疫和减蛋综合征的鉴别 患速发型新城疫的产蛋鸡主要表现为产蛋量急剧下降，产蛋高峰上不去，软壳蛋、无壳蛋、畸形蛋、小蛋数量增多。个别鸡有拉稀现象，易误诊为减蛋综合征。减蛋综合征病鸡外观正常，病初，蛋壳色素消失，软壳或无壳蛋、畸形蛋数量增多，产蛋量急剧下降，同时病鸡所产蛋品质急剧下降，破壳率增高。蛋黄颜色变浅，蛋清呈现水样或蛋清中混有血液及异物是减蛋综合征在鸡蛋品质方面的特征性变化。

（3）**新城疫和鸡传染性支气管炎的鉴别**　二者均有眼流泪，呼噜、呼吸道啰音，产蛋鸡产蛋量下降，呼吸道黏膜充血、出血等呼吸道症状。但鸡传染性支气管炎有蛋壳质量变差，小蛋、畸形蛋增多，蛋清稀薄如水样，拉白色的石灰水样稀便，肾脏肿大，泄殖腔有白色尿酸盐沉积等特征性症状和病变。通过这些不同可以区分新城疫和鸡传染性支气管炎。

（4）**新城疫和鸡传染性喉气管炎的鉴别**　鸡传染性喉气管炎病鸡流泪、肿头、咳嗽、呼吸极为困难，伸颈张口呼吸，发出极响的喘鸣音，并会咳出血样分泌物，喉头常有凝固物堵塞，这是该病的典型特有症状。另外，传染性喉气管炎病鸡有半透明状鼻液，眼流泪，伴有结膜炎，上下眼睑粘连。新城疫病鸡无伸颈张口呼吸和结膜炎症状。

（5）**新城疫和传染性鼻炎的鉴别**　传染性鼻炎的潜伏期极短，这是该病的一个典型特征，自然感染的潜伏期仅为 1~3 天，而速发型新城疫的潜伏期也在 2~5 天及以上。传染性鼻炎病鸡的表现为打喷嚏，流鼻涕，颜面浮肿，眼睑和肉髯水肿，眼结膜充血发炎；新城疫病鸡无颜面浮肿、眼睑和肉髯水肿及眼结膜充血发炎现象。传染性鼻炎病鸡内脏无肉眼病变；新城疫病鸡在肠、胃均有明显病变。

（6）**新城疫和慢性呼吸道病的鉴别**　慢性呼吸道病呈慢性经过，有不少病例呈轻症经过，几乎不被人注意。病鸡频繁摇头、打喷嚏、咳嗽，并有呼吸道啰音。而新城疫的病程要短得多。慢性呼吸道病病鸡眼观可见鼻腔、气管、支气管和气囊内含有浑浊的黏稠渗出物，同时表现气囊炎、胸膜炎、肺炎、纤维素性肝被膜炎和心包炎等。而新城疫病鸡不表现内脏浆膜炎症。

【**防治措施**】

（1）**加强饲养管理**　为防止病原侵入鸡体，应实行全进全出的饲养管理制度，定期带鸡消毒。禁止从污染地区引进种鸡或雏鸡，也不可从这些地区购买饲料、设备等。禁止无关人员随便进入养鸡场，防止飞禽和其他动物的入侵。

（2）**定期预防接种，增强鸡群特异性免疫力** 目前，针对新城疫有各种不同毒力的弱毒疫苗和灭活疫苗，常用疫苗有Ⅰ系、Ⅱ系、Ⅲ系、Ⅳ系、Ⅴ系4株等，一般Ⅳ系活苗应用最多，能取得较好免疫效果。缓发型疫苗可经点眼、滴鼻、饮水、气雾或肌内注射等途径接种，其中点眼、滴鼻、气雾效果最佳；中发型疫苗常用肌内注射途径接种。

（3）**若免疫后发病，应进行紧急免疫** 用Ⅳ系疫苗以3~5倍量分2次饮水免疫，饮水前断水1小时。

（4）**临床用药**

① 德信荆蟾素：荆芥穗30克，防风30克，羌活25克，独活25克，柴胡30克，前胡25克，枳壳25克，茯苓30克，桔梗30克，川芎20克，甘草15克，薄荷15克，蟾酥1克，莽草酸15克。用于预防时，1000克药兑水8000千克；用于治疗时，1000克药兑水4000千克。可集中饮用，连用3~5天。注意，对于非典型新城疫，每1000克药可供5000只成鸡使用1天。

② 黄芩10克，金银花30克，连翘40克，地榆炭20克，蒲公英10克，紫花地丁20克，射干10克，紫苑10克，甘草30克。水煎2次，混合煎液，供100只鸡饮用，每天1剂，连用4~6天。

③ 清瘟败毒散100~300克，100只成鸡拌料使用，连用3~5天。板清颗粒50克，分2次饮水，连用3~5天。雏鸡减半。

④ 板蓝根20克，金银花15克，黄芪20克，车前子20克，党参15克，野菊花20克，水煎，每天1剂，4天为1个疗程，供100只鸡使用，然后，用新城疫疫苗滴鼻、点眼各1滴。

⑤ 银翘散300克，供100只成鸡使用，雏鸡减半，拌料使用。用于非典型新城疫的初期，连用3~5天。

二、鸡传染性支气管炎

鸡传染性支气管炎是由传染性支气管炎病毒引起的鸡的一种急性、高度接触性呼吸道疾病。传染性支气管炎病毒属于冠状病毒科冠状病毒属。病毒粒子具有多形性，但大多为圆形，病毒有囊膜，表面有纤突。病毒能在10~11胚龄的鸡胚中增殖，该病的特征性变化是胚体发生萎缩。

【流行特点】 该病仅发生于鸡，其他家禽均不感染，各种年龄的鸡都可发病，雏鸡发病最严重，死亡率也高。该病主要经过呼吸道传染，病毒从呼吸道排毒，通过空气的飞沫传给易感鸡，也可通过被污染的饲料、饮水及饲养工具经消化道感染，一年四季均可发病，以春季多发。病鸡、带毒鸡是主要传染源。该病的发生与饲养管理有关，饲养管理不当能促使该病发生。

【临床症状】

（1）呼吸型

1）患病幼雏表现为伸颈、张口呼吸、咳嗽，发出"咕噜"的声音，尤以夜间最清楚，病鸡精神萎靡，食欲废绝，羽毛松乱，翅下垂，昏睡，怕冷，拥挤在一起。

2）产蛋鸡感染后产蛋量下降20%～25%，同时产软壳蛋、畸形蛋、砂壳蛋，蛋清稀薄，呈水样。

（2）肾型

阶段一：有轻微呼吸道症状，啰音，打喷嚏，咳嗽，持续1～4天。

阶段二：呼吸道症状消失，表面无异常。

阶段三：突然发病，病鸡挤堆，厌食，排白色粪便，粪便中几乎全是尿酸盐，病鸡体重下降，胸肌发暗，腿胫部干瘪，羽毛沾满水样白色粪便。

（3）腺胃型　该型病鸡病初表现精神沉郁，食欲和饮欲下降。病鸡出现流泪、眼肿、咳嗽、打喷嚏等呼吸道症状。一段时间后病鸡拉稀，排出白色或绿色稀粪。病鸡闭眼、缩头、羽毛蓬松、垂翅、跛行，逐渐消瘦，最后衰竭死亡。

【病理变化】

（1）呼吸型

1）该型病变见于气管、支气管、鼻腔、肺等呼吸器官，气管环出血，管腔中有黄色或黑色栓塞物、渗出物，容易使鸡窒息死亡。

2）产蛋鸡卵泡变形，甚至破裂，严重的引起卵黄性腹膜炎。

（2）肾型

1）该型可引起肾脏肿大，呈苍白色，肾小管充满尿酸盐结晶，外形呈白线网状，俗称"花斑肾"；输尿管扩张，充满白色尿酸盐。

2）产蛋鸡感染该病后，输卵管发育不良，输卵管呈细线状。

（3）**腺胃型**　剖检时，肉眼可见腺胃极度肿胀，人工感染病鸡的腺胃比正常腺胃大2～5倍，自然病例的腺胃为正常腺胃的2～3倍，腺胃壁和黏膜增厚，腺胃肿大、出血，破溃凹陷处有出血和溃疡，压时有脓性分泌物。胸腺、法氏囊严重萎缩，全身消瘦，肌肉苍白。有30%的病鸡肾脏轻度肿胀。有尿酸盐沉积。病理组织学检查可见到腺胃黏膜上皮脱落坏死，固有层水肿，腺管扩张，炎性细胞浸润。心外膜组织水肿，有炎性细胞浸润，浅层心肌变性，结构破坏，部分心肌细胞空泡化。

【鉴别诊断】

（1）**鸡传染性支气管炎与新城疫的鉴别**　二者均有呼吸道症状，发病日龄也较接近。但两者的区别在于：传播速度不同，鸡传染性支气管炎传播迅速，短期内可波及全群，发病率高达90%以上，新城疫因大多数鸡都接种了疫苗，临床表现多为亚急性型新城疫，发病率不高；新城疫病鸡除呼吸道症状外，还表现歪头、扭颈、站立不稳等神经症状，鸡传染性支气管炎病鸡无神经症状；新城疫病鸡腺胃乳头出血或出血不明显，盲肠扁桃体肿胀、出血，而鸡传染性支气管炎病鸡无消化道病变，肾型传染性支气管炎病例可见肾脏和输尿管的尿酸盐沉积，腺胃型传染性支气管炎病例可见腺胃肿大。

（2）**鸡传染性支气管炎与禽流感的鉴别**　二者均有呼吸道症状。但两者的区别在于：鸡传染性支气管炎仅发生于鸡，各种年龄的鸡均有易感性，但雏鸡发病最为严重，死亡率最高，而禽流感的发生没有日龄上的差异；传染性支气管炎病鸡剖检仅表现鼻腔、鼻窦、气管和支气管的卡他性炎，有浆液性或干酪样渗出，肾型传染性支气管炎病鸡的肾脏多有尿酸盐沉积，其余脏器的病变较少见，而禽流感表现喉头、气管环的充血或出血，肾脏多肿胀、充血或出血，仅输尿管有少量尿酸盐沉积，且其他脏器也有变化，如腺胃乳头肿胀、出血等。

（3）**鸡传染性支气管炎与鸡传染性喉气管炎的鉴别**　二者均有呼吸道症状，且传播速度都很快。但两者的区别在于：鸡传染性喉气管炎主要见于成年鸡，而鸡传染性支气管炎以10日龄～6周龄的雏鸡发病最为严重；成年鸡发病时二者均可见产蛋量下降，且软蛋、畸形蛋、砂壳蛋明显增多，相比之下鸡传染性支气管炎病鸡产的蛋质量更差，如蛋白稀薄如水、蛋黄和蛋白分离等；这2种病鸡的气管都有一定程度的炎症，相比之下鸡传染性喉气管炎病鸡的气管变化更严重，可见黏膜出血，气管腔内有血性黏液或血凝块或黄白色伪膜；肾型传染性支气管炎病例剖检可见肾脏肿大、出血、肾小管和输尿管有尿酸盐沉积，而鸡传染性喉气管炎病例无此病变。

（4）鸡传染性支气管炎与传染性鼻炎的鉴别 二者均有呼吸道症状，且传播速度都很快。但两者的区别在于：发病日龄不同，传染性鼻炎可发生于任何年龄的鸡，以育成鸡和产蛋鸡多发，而鸡传染性支气管炎以 10 日龄 ~6 周龄的雏鸡发病最为严重；成年鸡发病时二者均可见产蛋量下降，且软蛋、畸形蛋、砂壳蛋明显增多，相比之下鸡传染性支气管炎病鸡产的蛋质量更差，如蛋白稀薄如水、蛋黄和蛋白分离等；传染性鼻炎病鸡多见一侧脸面肿胀，有的出现肉垂水肿；病原类型不同，鸡传染性支气管炎是由病毒引起的，而传染性鼻炎是由副鸡嗜血杆菌引起的，在疾病初期用磺胺类药物可以快速控制该病。

（5）鸡肾型传染性支气管炎与内脏型痛风的鉴别 二者均可引起"花斑肾"。但内脏型痛风各个年龄的鸡都可发病，各个季节都可发病，不发生群内传染现象，发病率、死亡率较高；病鸡排石灰水样稀粪，严重的发生瘫痪，心包膜有尿酸盐沉积，肾脏肿大、呈花斑样，浆膜有尿酸盐沉积。

（6）鸡肾型传染性支气管炎与传染性法氏囊病的鉴别 传染性法氏囊病病鸡无呼吸道症状，剖检可见法氏囊出血明显，肌肉有条状或点状出血，腺胃和肌胃交界处常有横向出血斑点或出血带；而鸡肾型传染性支气管炎病鸡法氏囊、肌肉、腺胃均无以上明显病变。

对于肾型传染性支气管炎，蛋鸡发病时产蛋率下降，一般呈急性经过，这一现象也见于减蛋综合征、禽霍乱、禽流感、鸡链球菌病等，应注意区别。

【防治措施】

（1）加强饲养管理 降低饲养密度，避免鸡群拥挤。

（2）适时接种疫苗

1）呼吸型。7 ~8 日龄时，用 H_{120} 株弱毒疫苗点眼或滴鼻；30 日龄时，用 H_{52} 株弱毒疫苗点眼或滴鼻；开产前用灭活疫苗肌内注射，每只0.5 毫升。

2）肾型。4~5 日龄和 20~30 日龄时，用弱毒疫苗进行接种，或用灭活疫苗于 7~9 日龄颈部皮下注射。

3）腺胃型。按防治动物传染性疾病的一般程序进行，除了对病鸡采取早期诊断、隔离、淘汰和消毒等综合措施外，在疫区可应用分离毒株制备油乳剂灭活疫苗预防该病。强毒株灭活疫苗保护率可达 95% 以上，而使用呼吸型和肾型传染性支气管炎疫苗均不能预防该病。

4）鸡传染性支气管炎变异株。2~3 日龄、10~12 日龄和 100~120 日龄时，接种弱毒疫苗，或皮下注射油乳剂灭活疫苗。

（3）使用抗生素 在饲料或饮水中添加强力霉素、环丙沙星、红霉素等抗生素对防止继发感染具有一定作用。对肾型传染性支气管炎，发病后，应降低饲料中各种蛋白质含量，用肾肿解毒药饮水，降低肾脏负担。对鸡传染性支气管炎变异株，用阿莫西林可溶性粉饮水。

（4）临床用药

① 德信舒喘素：麻黄 30 克，苦杏仁 15 克，石膏 200 克，甘草 15 克，陈皮 50 克，制半夏 20 克。预防用量为 1000 克药兑水 8000 千克，治疗用量为 1000 克药兑水 4000 千克。可集中饮用，连用 4~5 天。

② 德信支喉栓塞通：板蓝根 90 克，葶苈子 50 克，浙贝母 50 克，桔梗 30 克，陈皮 30 克，甘草 25 克。预防用量为本品 1000 克拌料 200 千克。治疗用量为本品 1000 克拌料 100 千克或水煎过滤液兑水饮服，用药渣拌料，连用 3~5 天。

③ 清瘟散：板蓝根 250 克，大青叶 100 克，鱼腥草 250 克，穿心莲 200 克，黄芩 250 克，蒲公英 200 克，金银花 50 克，地榆 100 克，薄荷 50 克，甘草 50 克。水煎取汁或开水浸泡拌料，供 1000 只鸡 1 天饮服或喂服，每天 1 剂，一般经 3 天好转。

注意 若病鸡痰多、咳嗽，可加半夏、桔梗、桑白皮；若粪稀，可加白头翁；若粪干，可加大黄；若喉头肿痛，可加射干、山豆根、牛蒡子；若热象重，可加石膏、玄参。

④ 定喘汤：白果 9 克（去壳砸碎炒黄），麻黄 9 克，苏子 6 克，甘草 3 克，款冬花 9 克，杏仁 9 克，桑白皮 9 克，黄芩 6 克，半夏 9 克。加

水4千克，煎服，供20只鸡1次饮用，连用2~4天。

三、禽流感

禽流感是由禽流感病毒引起的急性、败血性传染性疾病，发病急、死亡快、死亡率高。禽流感病毒属正黏病毒科正黏病毒属，为单股 RNA 病毒，病毒粒子呈球形，病毒粒子表面有血凝素，可使血细胞凝集。

【流行特点】 该病一年四季均可发生，多发于冬春，夏秋发病减少，且呈地方流行性。感染宿主具有多样性，以鸡和火鸡易感性最高，其次可感染鸭、鹅、鸽子、鹌鹑、野鸟等，水禽、候鸟等在禽流感的发生中起重要作用。禽流感可通过呼吸道、消化道、候鸟迁徙、人等途径传播，也可垂直感染。饲养管理不当可促使该病的发生，如温度忽高忽低或过高过低，通风不良或通风过量，寒流、雾霾、大雾、大风、天气突变等因素均可增大发病概率。

【临床症状】

（1）最急性型 该型由高致病性禽流感病毒引起，病鸡很少出现前驱症状，发病急，死亡快，死亡率可高达90%~100%。病程稍长的表现为精神沉郁，采食下降，呼吸困难，排白绿色稀便，腿部皮肤呈鳞片状出血，头部皮肤出血，鸡冠发绀（彩图5）、出血、坏死，产蛋率下降。

（2）急性型 该型多由低致病性禽流感病毒引起，表现为突然发病，体温升高，可至42℃以上。患病鸡群精神沉郁、缩颈、嗜睡，眼睛呈半闭状态（彩图6）。病鸡采食量急剧下降，呼吸困难、咳嗽、打喷嚏、张口呼吸、伸颈、突然尖叫；嗉囊空虚，排绿色、黄色、白色粪便；眼肿，流泪，初期流浆液性带泡沫的眼泪，后期有黄白色脓性分泌物，眼睑肿胀，两眼凸出，严重的上下眼睑粘在一起，肉髯增厚肿胀，向两侧张开，呈"金鱼头"样（彩图7）。有的出现神经症状，表现为头颈后仰，运动失调，倒地不起，瘫痪等。产蛋率由80%~90%下降至10%~20%，严重的停止产蛋，软壳蛋、无壳蛋、褪色蛋、砂壳蛋增多。种鸡感染后，受精率下降，弱雏增多且死亡率较高。

（3）亚急性型 该型多发于免疫后的鸡群，大群精神良好，粪便正常，采食、产蛋略有下降，白壳蛋、软壳蛋数量增多，有个别鸡出现眼肿胀、流泪的症状。种鸡产蛋率、孵化率低，弱雏数量增多且死亡率高。病鸡啄壳，雏鸡无法出壳。

【病理变化】　最急性型和急性型主要以出血性病变为主，亚急性型病鸡病变不典型。心冠脂肪有出血点（彩图8），心外膜、心内膜出血，心肌有黄白色条纹状坏死。气管环出血，有血凝块，肺出血，气管中有黄白色干酪样渗出，气管与支气管交叉处形成气管栓塞。腺胃乳头出血，肌胃角质层下出血，肌胃与腺胃交界处有出血带；肠道内有片状出血（彩图9），十二指肠、盲肠扁桃体、泄殖腔内充血。皮肤有鳞片状出血，皮下有胶冻样水肿；脑膜充血、出血；胸部、腿部、腹部肌肉出血。肠道、胰腺出血，胰腺液化、坏死，排白绿色稀便。卵泡液化变性（彩图10），破裂，卵黄膜出血，形成卵黄性腹膜炎；输卵管黏膜水肿、充血，内有浆液性、黏液性或干酪样物质（彩图11）。脾脏肿大呈紫黑色。剖检雏鸡发现有肺气肿、嗉囊炎、肝周炎、卵黄吸收不良等症状，个别鸡剖检可见腺胃、肝脏呈黑褐色病变。

【鉴别诊断】　由于高致病性禽流感的流行特点、临床症状及病理变化与某些传染病很相似，必须及时做出鉴别诊断，如新城疫、禽霍乱、鸡传染性支气管炎、鸡传染性喉气管炎、传染性鼻炎、慢性呼吸道病、减蛋综合征等；特别是某些疾病混合感染或继发感染，使病情更为复杂，容易发生误诊，因此，类症鉴别诊断十分重要。

（1）高致病性禽流感与新城疫的鉴别　二者都是由病毒引起的，有传染性；各种品种、日龄的鸡均易感；病鸡体温升高，精神沉郁，嗜睡，食欲废绝，鸡冠、肉髯发绀，呼吸困难，有的病鸡出现神经症状；蛋鸡产蛋率下降或停止产蛋，下痢；腺胃乳头出血，腺胃与肌胃处可见出血斑或出血带，肌胃角质层下出血，喉头、气管黏膜充血、出血；抗生素治疗无效。但水禽体内可以携带新城疫病毒，且一般不发病，病鸡饮水量增加；嗉囊膨胀积液，倒提时从口中流出液体，肠黏膜纤维坏死性病变明显，多能形成伪膜，伪膜脱落后形成大量溃疡性坏死灶；盲肠肿胀出血，有坏死灶；无头部水肿、脚鳞出血症状。

（2）高致病性禽流感与禽霍乱的鉴别　二者都有传染性，各种年龄的鸡均可感染；病鸡发病急、死亡快（最急性型）。感染禽流感后鸡减食或不食，下痢；呼吸困难，鼻孔分泌物增多，有的冠髯肿胀发绀；皮下组织、黏膜、腺胃有大小不等的出血点；肠黏膜充血、出血，心冠脂肪、心外膜上有出血点，胸腹腔有纤维素性渗出物；产蛋量下降，产蛋鸡卵泡充血、出血。而禽霍乱病原为细菌，抗生素治疗有效。禽霍乱病鸡症状为饮水量增加，肝脏表面有数个针尖大小的灰黄色或灰白色坏死灶，关节多肿大、发炎；神经症状不明显或无神经症状，无脚鳞出血症状；脾脏一般无明显变化；对病料进行染色镜检，可发现大量两极浓染的革兰阴性杆菌。

（3）**高致病性禽流感与鸡传染性支气管炎的鉴别**　二者都是由病毒引起，有传染性，可通过呼吸道、消化道传播，各种日龄的鸡均可感染；食欲废绝，羽毛松乱，体温升高，呼吸困难，流鼻液，流泪，甩头；产蛋鸡产蛋量下降，畸形蛋增加（呼吸型传染性支气管炎）；下痢，饮水量增加（肾型传染性支气管炎）；喉头、器官黏膜充血、水肿，产蛋鸡卵泡充血、出血，变形、破裂。但鸡传染性支气管炎只感染鸡，雏鸡和产蛋鸡发病较多，尤其是 40 日龄以下的雏鸡发病最为严重；肾型传染性支气管炎主要发生在 3 周龄左右，产蛋鸡仅表现为产蛋量下降，雏鸡的病死率约 30%；6 周龄以上的鸡病死率很低；肾脏肿大、苍白，肾小管和输尿管沉积大量尿酸盐，使整个肾脏外观呈斑驳的白色网线状，俗称"花斑肾"，往往出现一侧肾脏肿大，另一侧萎缩。

（4）**高致病性禽流感与鸡传染性喉气管炎的鉴别**　二者病原都为病毒，有传染性，不同年龄的鸡均易感，传播速度快，发病率高，鼻孔有分泌物，呼吸困难，下痢，产蛋鸡产蛋量下降；较轻微的病鸡出现流泪，结膜炎。但其他禽类和实验动物对传染性喉气管炎有抵抗力，病鸡咳嗽，严重时咳出带血的黏液；检查口腔时，可见喉部黏膜上有浅黄色凝固物附着，不易擦去；剖检喉部有干酪样伪膜，其他器官无明显病变；病死率为 10%~20%。

（5）**高致病性禽流感与慢性呼吸道病的鉴别**　二者都有传染性，可感染多种鸡和鸟类，多发生于寒冷季节和气候突变时；感染后呼吸困难，张口呼吸，食欲减少，产蛋鸡产蛋量下降；流浆液或黏液性鼻液，眼睑肿胀，眼结膜潮红，甚至失明。但慢性呼吸道病病原为细菌，抗生素治疗有效；7~8 周内雏鸡最易感，成年鸡多散发，呈慢性经过，单纯支原体感染的死亡率通常为 10%~30%；眼窝、眶下窦肿胀；气囊膜浑浊或增厚或气囊腔上有灰白色念珠状结节，大小如芝麻至绿豆大小不等，尤以胸气囊多见，气囊内有黏液性的渗出物甚至干酪样物。

（6）**高致病性禽流感与传染性鼻炎的鉴别** 二者都有传染性，可以经呼吸道和消化道传播，各种年龄的鸡均可感染，精神沉郁，采食量下降，呼吸困难，鼻孔流出水样鼻液或黏稠液体，甩头；产蛋鸡产蛋量下降，脸部和肉髯水肿，眼结膜发炎，眼睑肿胀，分泌物增多，严重时可引起失明。但传染性鼻炎病原为副鸡嗜血杆菌，磺胺类药物治疗有效；其他禽类和动物少有感染；病死率相对较低；发病后无神经症状，脚鳞无出血，内脏器官一般无明显变化；鼻腔和眶下窦黏膜充血肿胀，窦腔内积聚大量干酪样分泌物。

（7）**高致病性禽流感与减蛋综合征的鉴别** 二者都是病毒，有传染性，可感染鸡、鸭、鹅，引起产蛋鸡产蛋量下降，子宫和输卵管黏膜出血和有卡他性炎。但鸡的品种不同，对减蛋综合征易感性有差异，产褐壳蛋的鸡最易感；且该病发病有明显的时间性，通常在性成熟后，特别是 26～35 周龄产蛋高峰期间，35 周龄以上较少发病；病死率很低，主要经胚垂直传播；鸡群主要表现为突然性群体产蛋量减少，产蛋质量下降。

（8）**禽流感与慢性呼吸道病的鉴别** 低致病性或非典型性禽流感病鸡以呼吸道症状为主，上呼吸道炎症明显，拉青色水样粪便，死亡率超过 30%。慢性呼吸道病也有呼吸道症状，但以严重的心包炎、腹腔炎和气囊炎为主，心包膜增厚，气囊上常见黄白色干酪样物，该病对一些抗生素敏感，可以治疗。

【防治措施】

（1）**处理** 高致病性禽流感属于一类动物疫病，危害巨大，一旦发生，应及时上报有关部门，坚决彻底地销毁疫区内的感染和可疑鸡及饲养工具，严格执行封锁、隔离和无害化处理措施。

（2）**预防**

1）加强现代化、标准化养殖场的建设，提高管理水平，提高环境控制水平。饲养、生产、经营场所必须符合动物防疫条件，证件齐全，严格遵守国家相关法律法规。

2）养鸡场实行全进全出饲养制度，控制人员、车辆、用具的出入，严格执行消毒、清洁程序。鸡和水禽不得混养，与水禽养殖场应相隔3千米以上且不共用水源。养鸡场要做好防飞鸟进入饲养区域的设施、健全的防鼠设施和配套措施。

3）加强监督，对鸡的饲养、运输、交易等活动严格监督检查，落实屠宰、加工、运输、储藏、销售等环节的监管措施。严厉打击不法商贩，发现病死鸡及时报告，高危人群接种流感疫苗。

4）做好粪便处理，堆积发酵，不允许露天处理；杜绝鸡与野生禽类接触，散养鸡要圈养。

5）疫苗免疫接种，一般每隔3个月接种1次疫苗，但产蛋上升期尽量不接种疫苗。

种鸡、商品蛋鸡：15～20日龄时进行首免，每只接种0.3毫升；45～50日龄时进行第二次免疫，每只接种0.5毫升；开产前2～3周，每只接种0.6～0.7毫升；开产后每隔3个月接种1次。

肉鸡：7～8日龄时每只接种0.3毫升。

（3）治疗　目前国内采取"冷处理"的方法，严格隔离病鸡，对症治疗以减少损失。

1）抗细菌药物。环丙沙星、庆大霉素、卡那霉素等拌料或饮水。

2）中药。可用板蓝根、黄连、黄芪、大青叶等粉碎搅拌或煎汁，如每天每只鸡用2克板蓝根、3克大青叶粉碎后拌料，配合防治。

3）在饲料中添加蛋氨酸、赖氨酸、维生素C或多种维生素饮水，以抗应激，缓解症状，加快体质恢复。

4）德信优倍健。黄芪250克，白芍250克，麦冬130克，板蓝根50克，金银花50克，大青叶50克，蒲公英100克，甘草30克，淫羊藿130克。1000克药兑水3000千克。可集中饮用，连用3～5天。

防疫时可同时使用本品，对疫苗效果不产生影响。

四、传染性法氏囊病

传染性法氏囊病是由传染性法氏囊病病毒引起的一种以破坏鸡法氏囊为特征的急性、高度接触性传染病。传染性法氏囊病病毒属于双RNA病毒科双RNA病毒属，无囊膜。传染性法氏囊病病毒有2种血清型，Ⅰ型和Ⅱ型。Ⅰ型病毒来源于鸡，Ⅱ型病毒从火鸡中分离。Ⅰ型病毒在火鸡中具有传染性，但无致病性；Ⅱ型病毒对鸡无致病力。

【流行特点】　该病毒的自然宿主是鸡和火鸡，目前未见其他禽类出现感染。所有品种的鸡均可发病，3～6周龄的鸡最易感，随着日龄增长抵抗力增强。3周龄以下的鸡感染后会发生严重的免疫抑制。成年鸡法氏囊退化，主要为隐性感染。该病一年四季均可发生，但以夏季的6～7月多发。病鸡和带毒鸡为主要传染源，病鸡粪便中含有大量病毒。饲料、饮水、土壤、器具、昆虫等都可作为媒介传播该病，该病也可通过直接接触传播，经消化道、呼吸道、眼结膜感染。该病潜伏期短、传播快，感染率和发病率高，有明显的死亡高峰。近年来，传染性法氏囊病病毒毒力增强，逐渐难以控制，且常与新城疫、慢性呼吸道病、大肠杆菌病等混合、继发感染。

【临床症状】　该病特征为雏鸡突然发病，羽毛松乱无光，嘴插入羽毛中，蹲卧在墙角或卧地不起。病鸡排白色奶油状粪便，食欲减退，饮水增加，嗉囊内充满液体。部分鸡有啄肛现象。鸡场首次暴发该病时出现典型症状，死亡率高，以后雏鸡发病症状减轻或呈隐性感染，耐过鸡常有贫血、消瘦、生长迟缓、对多种疾病敏感等表现。出现症状后1～3天内病鸡死亡，群体病程一般不超过2周。

【病理变化】　感染早期，病鸡法氏囊因充血、水肿而肿大，随病情发展法氏囊肿大更加明显，为正常的2倍左右，法氏囊外形变圆，浆膜覆盖有浅黄色胶冻样渗出物，表面纵横条纹明显，法氏囊由白色变成奶油黄色、出血，呈紫黑色、紫葡萄样；感染后期，法氏囊缩小，法氏囊壁变薄，囊内有干酪样物质。肝脏呈土黄色，有肋骨压迹，周边有梗死灶。腺胃与肌胃交界处、腺胃与食道移行部交界处有出血带；盲肠扁桃体肿大、出血；严重时腿、腹、胸部肌肉呈现条纹状或斑块状出血。肾脏肿大、出血，输尿管中有尿酸盐沉积。

【鉴别诊断】　传染性法氏囊病主要的特点为突然发病，发病后传播迅速，发病率高，病程短，一般为7～8天，多呈"一过性"；可诱发多种疫病，使多种疫苗免疫失败；病鸡畏寒、扎堆、严重腹泻、极度虚弱，并有不同程度的死亡，典型发病鸡群呈现尖峰式死亡曲线。特征病变是胸肌、腿肌出血，法氏囊出血、水肿或萎缩，肾脏肿大并有尿酸盐沉积。

（1）传染性法氏囊病与鸡肾型传染性支气管炎的鉴别　二者均出现

"花斑肾"。但鸡肾型传染性支气管炎患病鸡群整体精神状态较好，常见肾脏肿大、苍白，多数呈斑驳状的"花斑肾"，输卵管有尿酸盐沉积，排白色稀粪，明显脱水，腺胃、肌肉一般无出血；有时可见法氏囊充血或轻度出血，但无黄色胶冻样水肿，耐过鸡的法氏囊不见萎缩或呈蜡黄色；病死鸡气管充血、水肿，支气管黏膜下有时可见胶冻样变性。

（2）**传染性法氏囊病与禽淋巴细胞性白血病的鉴别**　二者均出现肾脏肿大。但禽淋巴细胞性白血病以 18 周龄以上的鸡多发，16 周龄以下的鸡较少发生；解剖可见肝脏肿大数倍，又称大肝病；脾脏体积增大，呈灰棕色或紫红色；肾脏肿大，色变淡；肝脏、脾脏、肾脏多见肿瘤；法氏囊无出血、胶冻样水肿和萎缩病变，剖面皱襞有灰白色隆起或结节增生，因瘤体发育而失去原有形态结构；瘤体剖面偶见干酪样坏死或豆腐渣样物质。

（3）**传染性法氏囊病与速发性嗜肺脑型新城疫的鉴别**　二者均有法氏囊出血、坏死和干酪样物，亦可见腺胃乳头出血和盲肠扁桃体出血或肿胀。但速发性嗜肺脑型新城疫 4~7 周龄的鸡多发，表现为突然发病，传播迅速，可见明显的呼吸道和神经症状；法氏囊无水肿或萎缩。

（4）**传染性法氏囊病与住白细胞原虫病的鉴别**　二者均表现胸肌、腿肌出血。但住白细胞原虫病由媒介昆虫传播，一般气温在 20℃ 以上，媒介昆虫繁殖快、活动力强时流行严重；病鸡精神沉郁，鸡冠苍白，内脏器官肿大出血，脾脏可肿大 1~3 倍，肾脏、肺出血最严重，胸肌、心肌可见白色小结节或血肿，脂肪组织上有小血肿。

（5）**传染性法氏囊病与鸡包涵体肝炎的鉴别**　二者腿肌均可见出血斑，法氏囊有时亦可见萎缩且呈灰白色。但鸡包涵体肝炎 5~7 周龄的肉仔鸡多发，表现为精神沉郁，贫血，剪开骨髓常呈灰黄色，肝脏有大小不等的出血斑和坏死；该病有时与传染性法氏囊病混合感染，从而使症状加重。

（6）**传染性法氏囊病与鸡传染性贫血病的鉴别**　二者均出现法氏囊萎缩。但鸡传染性贫血病 1~3 周龄的雏鸡多发，表现为精神沉郁，骨髓黄染，鸡皮肤、喙、肉髯和可视黏膜苍白，全身点状出血；特征性病变是翅膀或腹部皮下出血，又称蓝翅病。

（7）**传染性法氏囊病与马立克氏病的鉴别**　二者均出现腿肌出血。

但马立克氏病4～18周龄的鸡多发，表现为外周神经肿大，瘫痪或轻瘫，消化道、性腺、肝脏、脾脏、肺等常见肿瘤，虹膜常见浑浊；偶见法氏囊萎缩；早期感染传染性法氏囊病病毒，可增加马立克氏病的发病率。

（8）传染性法氏囊病与霉菌中毒的鉴别　二者均可见法氏囊呈现灰白色。但饲料被黄曲霉污染后，所产生的黄曲霉毒素对2～6周龄的雏鸡危害严重，常伴有神经症状，死亡率可达20%～30%；解剖可见肝脏肿大，胆囊肿胀，皮下及肌肉偶见出血；法氏囊仅呈现灰白色，不见萎缩或肿大。

（9）传染性法氏囊病与痛风的鉴别　二者均出现"花斑肾"。但痛风各日龄鸡群均可发病，表现为行动迟缓，腿、翅关节肿胀，厌食，衰竭，腹泻，肾脏、心脏、肝脏等内脏器官均可见尿酸盐沉积；因粪尿中尿酸盐增多，肛门周围羽毛上常黏附大量白色尿酸盐。

（10）传染性法氏囊病与肾病的鉴别　肾病病鸡常有急性肾病表现，法氏囊多呈灰色，可见轻微萎缩；该病多呈散发，通过询问病史可准确鉴别。

（11）传染性法氏囊病与雏鸡脱水的鉴别　二者均可见尿酸盐沉积；输尿管肿大，充盈尿液和尿酸盐。但一次性大量出雏、过高温育雏或长途运输时，均易引起雏鸡脱水，多在1周龄内发病；临床表现为趾爪干瘪，多为单侧肾脏肿大、苍白。

【防治措施】

（1）加强卫生管理　定期消毒，隔离患病鸡，防止接触感染。

（2）选择合适的疫苗和免疫程序进行免疫接种

1）种鸡。2～3周龄，用弱毒疫苗饮水；4～5周龄，用中等毒力疫苗饮水，肌内注射油佐剂灭活疫苗。

2）商品鸡。14日龄，用弱毒疫苗饮水；21日龄，用弱毒疫苗饮水；28日龄，用中等毒力疫苗饮水。

（3）治疗　鸡群出现发病鸡后，及时注射高免血清或高免卵黄抗体，每只鸡1～2毫升；饮口服补液盐补充体液；饲料中添加抗生素防继发感染，可用0.03%的复方磺胺对甲氧嘧啶拌料，连用4～5天，或聚醚类抗生素、头孢类药物拌料或饮水。

（4）临床用药

① 德信优倍健：黄芪 250 克，白芍 250 克，麦冬 130 克，板蓝根 50 克，金银花 50 克，大青叶 50 克，蒲公英 100 克，甘草 30 克，淫羊藿 130 克。1000 克药兑水 3000 千克。可集中饮用，连用 3 ~ 5 天。

注意　防疫时可同时使用本品，对疫苗效果不产生影响。

② 德信肾支通：木通 30 克，瞿麦 30 克，萹蓄 30 克，车前子 30 克，滑石 60 克，甘草 25 克，炒栀子 30 克，酒大黄 30 克，灯心草 15 克。预防用量为本品 1000 克拌料 300 千克。治疗用量为本品 1000 克拌料 150 千克或水煎过滤液兑水饮，用药渣拌料，连用 3 ~ 5 天。

③ 清解汤：取生石膏 130 克，生地黄、板蓝根各 40 克，赤芍、丹皮、栀子、玄参、黄芩各 30 克，连翘、黄连、大黄各 20 克，甘草 10 克。将药在凉水中浸泡 1.5 小时，然后加热至沸，文火维持 15 ~ 20 分钟，得药液 1500 ~ 2000 毫升。复煎 1 次，合并混匀，供 300 只鸡 1 天饮服，连用 2 ~ 3 天即可，给药前断水 1.5 小时。

五、马立克氏病

马立克氏病是由马立克氏病毒引起的肿瘤性疾病，特征是在外周神经、性腺、虹膜、各内脏器官、肌肉和皮肤等发生淋巴样细胞增生、浸润和形成肿瘤性病灶。马立克氏病病毒属于疱疹病毒 B 亚群病毒，有囊膜，病毒粒子较大，为线状双股 DNA 分子病毒。根据抗原性不同，该病毒可分为 3 种血清型，即血清 I 型、II 型和 III 型，血清 I 型病毒可引起肿瘤的发生。

【流行特点】　鸡是该病的易感动物，火鸡和山鸡也能感染发病，不同日龄鸡对马立克氏病易感性不同，1 日龄最易感。病鸡、带毒鸡是该病最主要的传染源，该病病毒可脱离细胞而存在，随灰尘、飞沫和空气到处散播，造成污染。病毒主要经呼吸道进入鸡体内，很快遍布全身，鸡一旦感染后可长期带毒、排毒。马立克氏病的发病率与鸡的品种、病毒毒力及饲养管理条件有关，饲养管理条件不良、饲养密度高等会增加该病的发病概率。该病不经蛋垂直传播，但如果蛋壳表面残留带有病毒的尘埃、皮屑，又未消毒，就会造成该病的传染。该病具有高度接触性，直接或间接接触都可传染，主要随空气进入呼吸道，其次是消化道。病毒进入体内首先在淋巴系统，特别是法氏囊和胸腺细胞内增殖，然后在肾脏、毛囊及其他器官的上皮细胞中出现，同时出现病毒血症。是否发生特征性临床症状与病毒毒力有关，病毒一旦侵入鸡群，感染率几乎可达100%，发病率不等，发病鸡大都以死亡为结局，极少数能康复。一般发病原因为早期感染和免疫失败。

【临床症状】　该病为肿瘤性疾病，有较长的潜伏期。该病多发于2～3月龄的鸡，但1～18月龄的鸡均可发病。根据不同临床症状、出现病变部位的不同分为内脏型、神经型、眼型和皮肤型。

（1）内脏型　该型多1日龄感染，50～60日龄出现症状。病鸡消瘦，羽毛蓬松，精神沉郁，行动迟缓，生长不良，排白绿色粪便，但病鸡多有食欲，发病半个月左右死亡。

（2）神经型　该型表现为病毒侵害坐骨神经，病鸡走路不稳，一侧或双侧腿麻痹，严重者瘫痪不起，典型症状表现为双腿呈一前一后"大劈叉"姿势，病侧肌肉萎缩，有凉感，爪多弯曲；病毒侵害臂神经丛，病侧翅膀松弛无力，有时下垂；病毒侵害颈部迷走神经，脖子会斜向一侧，有时可见大嗉囊或病鸡张口气喘。

（3）眼型　该型表现为病鸡一侧或双侧失明，虹彩消失，眼球如鱼眼，呈灰白色，瞳孔边缘呈锯齿状。

（4）皮肤型　该型表现为在皮肤上有大小不一的肿瘤，可发生在全身各个部位，颈、翅膀、大腿外侧多见，肿瘤结节呈灰黄色，凸出于皮肤表面，有时破溃。

【病理变化】

（1）内脏型　该型肿瘤多发于肝脏、腺胃、心脏、卵巢、肌肉、脾脏、肾脏等内脏器官，其中肝脏发病率最高。肝脏肿大，表面有大小不一或弥漫性的肿瘤（彩图12），肝脏呈实质性改变，质硬；腺胃肿大，增厚，质地坚实，浆膜苍白，切开后可见黏膜出血或溃疡；肠道、肠道系膜上可见大小不一的肿瘤结节；心脏表面形成大小不一的肿瘤结节，米粒至黄豆大小，凸出于表面；卵巢肿大4～10倍不等，呈菜花状（彩图13）；肺一侧或两侧可见白色肿瘤，肺呈实质性改变，质硬，或出现

第四章

结节状肿瘤；脾脏肿大、实变（彩图14），表面有大小不一的肿瘤结节；肌肉呈白色条纹状。

（2）神经型 该型病变多见坐骨神经、臂神经、迷走神经肿大，神经表面光亮，粗细不均，纹理消失，神经周围组织水肿。

【鉴别诊断】

（1）马立克氏病（内脏型）与禽淋巴细胞性白血病的鉴别 二者都具有传染性，病鸡精神沉郁，食欲减退或废绝，鸡冠苍白，腹部膨大，消瘦，剖检也可见内脏有不同的肿瘤。但是马立克氏病多发生于18周龄以下的鸡，禽淋巴细胞性白血病多发生于18周龄以上的鸡，而且患马立克氏病的鸡法氏囊上没有肿瘤，呈不同程度的萎缩，这也是这2种病的主要区别。

（2）马立克氏病与鸡网状内皮组织增生病的鉴别 二者都具有传染性，病鸡精神沉郁，食欲减退，羽毛松乱，剖检可见法氏囊萎缩，一些内脏结节性增生。但马立克氏病是由疱疹病毒引起的一种肿瘤性疾病，主要是水平传播，肿瘤可出现在各个内脏器官上，可见大小不等、形状不一的单个或多个黄白色或灰白色肿瘤，肿瘤由小米粒到核桃大小，质坚实，稍凸出于脏器表面，切面平整，呈油脂状。

（3）马立克氏病与鸡传染性脑脊髓炎的鉴别 二者均具有传染性，病鸡表现共济失调，渐进性瘫痪，脱水，消瘦；剖检可见神经均有病变，特别是外周神经受损较严重。但鸡传染性脑脊髓炎的外周神经系统均不受损伤。

（4）马立克氏病与传染性法氏囊病的鉴别 二者都具有传染性，病鸡精神沉郁，步态不稳，双翅下垂。但传染性法氏囊病是由传染性法氏囊病病毒引起的一种免疫抑制病，剖检可见肾脏有尿酸盐沉积。

【防治措施】 及时淘汰发病鸡，搞好卫生消毒，对孵化室、育雏舍及时清洁消毒。在孵化前1周对孵化器及附件进行消毒，先用热水清洗，再用消毒喷雾剂消毒；应在进雏之前彻底清扫育雏舍内的羽毛、皮屑、蜘蛛网等，对舍内环境、用具、设施进行彻底消毒，严格执行育雏舍人员进出制度，并禁止其他鸡群与雏鸡接触。保证雏鸡充足的营养，增强雏鸡的抵抗力，认真防治鸡球虫、鸡白痢等疾病。

加强免疫预防，雏鸡出壳24小时内免疫。目前使用的细胞结合苗和冻干苗保护率为80%～90%，一般在3周内产生免疫力，保护期在20天左右。按说明书稀释疫苗后，每只雏鸡皮下接种0.2毫升，注射疫苗后的小鸡应严格隔离饲养，防止马立克氏病病毒入侵，否则严重影响疫苗效果。

六、禽白血病

禽白血病是由一些具有共同特征的病毒引起的许多具有传染性的良性、恶性肿瘤，常把这些病毒列在一起，称为禽白血病肉瘤群病毒。该病最常见的是淋巴细胞性白血病、成红细胞性白血病、成髓细胞性白血病、J-亚型白血病、内皮瘤、肾母细胞瘤、肝癌、纤维肉瘤和骨化石等。病毒粒子仅存在于细胞质内，病毒粒子呈球形，外有纤突，属单股RNA病毒。

【流行特点】 自然条件下，只有鸡能感染该病，人工接种雉鸡、鹧鸪、鹌鹑都可感染。病鸡和带毒鸡为主要传染源，有病毒血症的母鸡产出的鸡蛋带毒，孵化出的雏鸡先天性感染，常有免疫耐受现象，不产生抗肿瘤病的抗体，长期带毒排毒，是主要传染源。2周龄以下的雏鸡感染该病后发病率和感染率都很高；4～8周龄的雏鸡感染后发病率和死亡率大大下降，产下的蛋不带毒；10周龄以上的鸡感染后不发病，且产的蛋不带毒。该病既能垂直传播也能水平传播，以垂直传播为主。

【临床症状与病理变化】

（1）淋巴细胞性白血病 淋巴细胞性白血病是禽白血病中最为常见的一种，潜伏期长，无特征性临床病变，仅可发现鸡冠苍白，皱缩，偶见发绀；饮食下降或废绝，下痢，虚弱；肿瘤主要见于肝脏、脾脏及法氏囊，也可侵害肾脏、性腺、心脏等组织。

（2）成红细胞性白血病 该型发病早期，病鸡表现为倦怠、无力、鸡冠略苍白，皮下组织、肌肉、内脏常有出血点，肝脏、脾脏可见栓塞、梗死和破裂，肺胸膜下水肿，心包积液，腹水，肝脏表面有纤维素沉着。严重贫血型病鸡表现为鸡冠变为浅黄色乃至白色，病鸡消瘦、下痢等。该病分为增生型和贫血型2种类型。增生型：血液中出现许多幼稚的成红细胞。肝脏、脾脏显著增大，肾脏弥漫性增大，呈桃红色到暗红色，质脆而软；骨髓呈暗红色或樱桃红色，柔软而呈水样。贫血型：其特征为严重贫血，血液中有极少的未成熟红细胞；内脏器官萎缩，尤其是脾脏，骨髓呈胶冻样，颜色变浅，海绵状骨质填充大量骨髓空隙。

（3）成髓细胞性白血病 成髓细胞性白血病的自然病例少见；临床表现与成红细胞性白血病相似，剖检呈贫血，各器官肿大、质地脆弱，在肝脏及其他器官可见灰白色弥漫性肿瘤结节，骨髓变坚实。

（4）J-亚型白血病 J-亚型白血病病鸡消瘦，萎靡不振，跗关节增粗，胸部和肋骨异常隆起，只能爬行移动。剖检一般可见肝脏明显肿大，表面散在弥漫性灰白色肿瘤结节，病鸡肾脏、脾脏、心脏、卵巢、睾丸、腺胃多数情况可见黄白色结节肿瘤，骨髓肿瘤通常为弥漫性或结节状分布，呈黄白色或灰白色。

【防治措施】

1）加强饲养管理，加强消毒，提高鸡体抵抗力。避免禽白血病的水平传播与垂直传播。

2）净化鸡群，原种鸡、祖代、父母代一代代净化，收集胎粪，进行核酸检查，淘汰阳性鸡。

3）做好鸡舍孵化、育雏等环节的综合管理和消毒，实行全进全出制，避免不必要的人为因素引起感染发病。

七、鸡传染性脑脊髓炎

鸡传染性脑脊髓炎俗称流行性震颤，由传染性脑脊髓炎病毒引起，主要侵害雏鸡，以共济失调，头颈震颤为主要特征。传染性脑脊髓炎病毒属小 RNA 病毒科肠道病毒属，无囊膜，可抵抗多种酶。

【流行特点】 鸡最易感，各日龄均可感染该病，雉鸡、火鸡、珍珠鸡、鹌鹑也能感染，但一般雏鸡才有明显症状。该病病毒具有很强的感染性，病毒通过肠道感染，经粪便排毒，在粪便中可存在相当长的时间，被污染的饲料、饮水、垫草、孵化器、各种养殖设备都可作为媒介传播该病。该病以垂直传播为主，也能通过接触水平传播。该病的发生没有明显的季节性，一年四季均可发生，冬春多发，发病率和死亡率的高低与病毒毒力强弱、鸡群中易感鸡的多少有关，发病率为 40%～60%，死亡率为 10%～25%，甚至更高。

【临床症状】 经胚传递感染的雏鸡潜伏期为 1～7 天，经口或接触感染的雏鸡潜伏期超过 11 天。该病主要见于 3 周龄以下的雏鸡，有神经症状的病雏在 1～2 周龄时表现出症状。病雏表现为迟钝、共济失调，不

64

愿走动，蹲坐在自身跗关节上，驱赶走动时表现为摇摆不定。出现一侧腿麻痹时，病鸡跛行；双侧腿麻痹时，病鸡完全不能站立，双腿呈一前一后劈叉姿势或双腿倒向一侧或双侧。头颈震颤频率较高，为阵发性，受惊扰时更为明显。病雏在发病早期依然可以采食饮水，不能主动站立，导致采食饮水发生困难，受到同群鸡践踏，以致死亡过多。部分存活鸡可见到一侧或两侧晶状体浑浊或浅蓝色褪色，眼球增大及失明。产蛋鸡感染该病，产蛋率略微下降。

【病理变化】 病鸡唯一肉眼可见的变化为腺胃肌层有细小的灰白区，个别雏鸡发现小脑水肿。心肌、腺胃、肌胃肌层和胰腺淋巴小结增生、聚集。

【鉴别诊断】

（1）鸡传染性脑脊髓炎与新城疫的鉴别 二者均有脚弱、瘫痪等症状。但新城疫有呼吸道症状，拉绿粪，存活鸡有头颈扭曲的症状，腺胃及消化道有出血；血凝抑制试验（HI）检测发现 HI 抗体效价明显增高或高低不齐，组织学上虽有病毒性脑炎的病变，但腺胃、肌胃、胰腺等内脏器官无淋巴细胞灶性增生，分离病毒能凝集鸡的红细胞。

（2）鸡传染性脑脊髓炎与马立克氏病的鉴别 二者均有脚弱、瘫痪等症状。但马立克氏病临诊死亡一般发生在 60～70 日龄以后，且有内脏肿瘤病变和外周神经病变，如单侧性的坐骨神经肿大；有时发生于 120～250 日龄的鸡。鸡传染性脑脊髓炎无外周神经系统的病变。

（3）鸡传染性脑脊髓炎与鸡病毒性关节炎的鉴别 二者均有脚弱、瘫痪等症状。但鸡病毒性关节炎自然感染多发于 4～7 周龄鸡，病鸡跛行，跗关节肿胀，鸡群中有部分鸡呈现发育迟缓，嘴、脚苍白，羽毛生长不良等，心肌纤维间有异噬性细胞浸润。

（4）鸡传染性脑脊髓炎与维生素 E- 硒缺乏症的鉴别 二者均有脚弱、瘫痪等症状。但维生素 E- 硒缺乏症肉眼可见脑软化，小脑充血、出血、肿胀和脑回不清等病变，组织学病变如局部缺血性坏死，脱髓鞘过程等。硒缺乏症可见腹部皮下有大量液体积聚，有时呈蓝紫色，有些鸡肌肉苍白，胸肌有白线状坏死的肌纤维。维生素 B_1 缺乏、烟酸缺乏、维生素 D_3 缺乏也会引起脚弱症状，常由种鸡缺乏上述营养元素所引起。适当地补充这些营养元素能控制病情，改善病情。

（5）鸡传染性脑脊髓炎与减蛋综合征的鉴别　二者均可引起产蛋率下降。但减蛋综合征病鸡产蛋率严重下降，持续时间长，恢复后产蛋率很难达到原来水平，且蛋壳变成白色，产无壳蛋、软壳蛋或畸形蛋；开始减蛋后 1 周左右，取输卵管的刮落物作病料接种鸭胚，可分离到能凝集鸡红细胞的禽腺病毒。

（6）鸡传染性脑脊髓炎与传染性支气管炎的鉴别　二者均可引起产蛋率下降。但传染性支气管炎有呼吸道症状，有湿啰音，产蛋率下降，畸形蛋、粗壳蛋及小蛋增加，蛋品质发生变化，蛋清稀薄如水。

（7）鸡传染性脑脊髓炎与非典型新城疫的鉴别　二者均可引起产蛋率下降。但非典型新城疫只表现产蛋率下降，很少有死亡，有轻微呼吸道症状，粪便呈黄绿色，病鸡无明显的症状，减蛋 1 周后，HI 抗体效价明显上升。

【防治措施】

1）扑杀发病鸡并做无害化处理，或对病鸡进行隔离，给予充足饮水和饲料，在饮水和饲料中添加维生素 E、维生素 B_1，避免能走动的鸡践踏病鸡等，减少死亡。

2）加强消毒隔离，防止从疫区引进种蛋与种鸡。

3）免疫预防：饮水接种活毒疫苗，小于 8 周龄、处于产蛋期的鸡不可接种，对 10 周龄以上的鸡，不迟于开产前 4 周接种疫苗，且接种后 4 周内所产的蛋不能用于孵化，防止发生垂直传播；灭活疫苗用于无鸡传染性脑脊髓炎病史的鸡群，一般于 10 周龄以上至开产前 4 周进行刺种，或于开产前的 18～20 周接种。

八、鸡传染性喉气管炎

鸡传染性喉气管炎是由传染性喉气管炎病毒引起的一种急性呼吸道传染病。该病的特征为呼吸困难、咳嗽、咳出含有血液的渗出物。传染性喉气管炎病毒属疱疹病毒科疱疹病毒属，病毒粒子呈球形，有囊膜。病毒主要存在于病鸡的气管及其渗出物中。该病传播快，对养鸡业危害较大。

【流行特点】　该病主要侵害鸡，各种日龄的鸡均易感，但以成年鸡的症状最典型。病鸡及康复后的带毒鸡是主要传染源，病毒经上呼吸道及眼传播。易感鸡群与接种了疫苗的鸡长时间接触也可感染。呼吸排出的分泌物污染垫草、饲料、饮水、用具等，这些都可成为传播媒介。该病一年四季都会发病，冬春多发，鸡群拥挤、缺乏维生素A、通风不良等都可促使该病的发生。同群鸡传播速度快，群间传播慢，常成地方流行性，感染率高，死亡率极低。

【临床症状】

（1）喉气管型 该型由高致病性毒株引起。病鸡呼吸困难，抬头伸颈，发出明亮喘鸣音，咳嗽或摇头时咳出血痰，血痰常附着于墙壁、水槽、食槽、鸡笼上，血性分泌物常从鼻或嘴角流出。喉头周围有泡沫状液体，喉头出血。喉头有时被血液或纤维蛋白凝块堵塞（彩图15、彩图16），造成窒息死亡。

（2）结膜型 该型由低致病性毒株引起。特征为眼结膜炎，眼结膜红肿，1～2天后流眼泪及鼻液，眼分泌物从浆液性逐渐发展到脓性，最终导致失明。产蛋率下降，畸形蛋增多，大卵泡变性、破裂。

【病理变化】

1）喉气管型病鸡的特征性病变在喉头和气管。喉头表面有弥漫性出血点，管腔内有血凝块，发病时间稍长者出现黄白色干酪样物质，严重的堵塞喉腔，气管环出血。

2）蛋鸡卵巢异常，卵泡变软、变形、出血，形成卵泡性腹膜炎。

3）结膜型病鸡的主要表现为结膜充血、水肿，有时有点状出血，角膜溃疡，严重者失明。

【鉴别诊断】

（1）鸡传染性喉气管炎与慢性呼吸道病的鉴别 二者均出现呼吸困难。但慢性呼吸道病主要感染4～8周龄的雏鸡，呈慢性经过，传播速度较为缓慢，临床表现为流出浆液性鼻液、咳嗽、打喷嚏、呼吸困难，后期表现为眼睑肿胀，眼部向外凸出，眼球萎缩失明；鼻腔、气管、支气管和气囊内存在黏稠物，气囊膜变得浑浊，在黏膜表面存在结节性病灶，内部含有干酪样渗出物。

（2）鸡传染性喉气管炎与传染性鼻炎的鉴别 二者均出现呼吸困难。但传染性鼻炎主要危害4周龄以上的雏鸡，常呈现急性经过，主要表现为鼻腔、眶下窦发炎，流出清澈鼻液，病鸡不断甩鼻、打喷嚏，脸部和肉髯水肿，眼结膜发炎，眼睑肿胀，严重的会导致失明；鼻腔和鼻

第四章

窦黏膜会出现卡他性炎病变，表面附着大量黏液。

（3）**鸡传染性喉气管炎与鸡黏膜型鸡痘的鉴别**　二者均出现呼吸困难。但患鸡黏膜型鸡痘的雏鸡病情十分严重，致死率极高，成年鸡很少患病；发病后先是从眼睛和鼻孔中流出浆液性的分泌物，随后逐渐变成黄色脓性分泌物，眼睑肿胀，结膜充满了脓性和纤维素性蛋白性渗出物；将口腔和咽喉打开后，发现黏膜表面存在痘疹，初期呈圆形黄色斑点，然后形成一层黄白色伪膜，覆盖在黏膜表面，病鸡呼吸极度困难。

【防治措施】

1）坚持隔离、消毒等防疫措施是防止该病流行的有效方法。

2）免疫预防，一般 4～5 周龄首次免疫，12～14 周龄再次免疫。用弱毒苗点眼，但可能会引起轻度结膜炎；强毒苗免疫只可用于擦肛，不能将疫苗接种到眼、鼻、口等部位。

3）对发病鸡群对症治疗，该病如继发细菌感染，死亡率会升高，对表现结膜炎的鸡用红霉素眼药水点眼，强力霉素 0.01% 饮水或拌料；应用平喘药物缓解症状，如每只鸡按每天 10 毫克盐酸麻黄素、50 毫克氨茶碱的比例拌料；0.2% 氯化铵饮水，连用 2～3 天；还可用中药治疗。

① 川贝母 150 克，栀子 200 克，桔梗 100 克，桑皮 250 克，紫菀 300 克，石膏 150 克，板蓝根 400 克，瓜蒌 200 克，麻黄 250 克，山豆根 200 克，金银花 100 克，黄芪 500 克，甘草 100 克，以上为 1000 只产蛋鸡 1 剂用量，加水煎服 3～4 天后，用药渣拌料喂鸡，1～2 天 1 剂，连用 2 剂。70 日龄产蛋鸡用 1/2 量，30 日龄用 1/4 量。

② 德信舒喘素：麻黄 30 克，苦杏仁 15 克，石膏 200 克，甘草 15 克，陈皮 50 克，制半夏 20 克。预防用量为 1000 克药兑水 8000 千克。治疗用量为 1000 克药兑水 4000 千克。可集中饮用，连用 4～5 天。

③ 咳喘康（板蓝根、葶苈子、浙贝母、桔梗、枇杷叶等），开水煎汁 0.5 小时后，加入冷开水 20～25 千克饮服，连服 5～7 天。

九、鸡病毒性关节炎

鸡病毒性关节炎是由呼肠孤病毒引起的以胫跗关节肿胀、瘫痪为主要症状的传染病。呼肠孤病毒属于呼肠孤病毒科呼肠孤病毒属，为双链 RNA 病毒。

【流行特点】　该病多发于鸡和火鸡，1 日龄雏鸡的易感性最强，随

68

日龄增加，鸡对该病的抵抗力增强，潜伏期也较长。病鸡和带毒鸡是主要传染源，病鸡由粪便排出大量病毒，通过鸡之间直接接触传播。该病主要通过呼吸道、消化道传播，也可垂直传播，但以水平传播为主。该病一年四季均可发生，冬季较为多发，呈散发性或地方流行性，自然感染发病多见于 4~7 周龄的鸡。

【临床症状】　多数鸡呈隐性经过，急性感染时发病鸡表现跛行，足胫腱鞘肿胀，跗关节肿胀，关节腔内有渗出物，肌腱断裂，伴随皮下出血，病鸡呈典型蹒跚步态。病鸡发育不良，部分鸡生长停滞，有的呈败血型，全身发绀、脱水、精神萎靡、营养不良，鸡冠齿状端软并呈黑紫色，最后死亡。产蛋率下降，受精率下降。

【病理变化】　剖检可见跗关节部位皮下有浅黄色胶冻状水肿或出血。关节腔内常含有少量黄色或血色渗出液，偶见较多的脓性渗出物。感染早期，跗关节的腱鞘显著肿胀、出血，关节滑膜出血。当腱部的炎症转为慢性时，则见腱鞘硬化与粘连，关节软骨糜烂，肌腱断裂、出血，烂斑增大、融合并可延展到其下方的骨质，并伴发骨膜增厚。

【鉴别诊断】

（1）鸡病毒性关节炎与鸡传染性脑脊髓炎的鉴别　二者均可出现跛行、跗关节肿胀等症状。但鸡传染性脑脊髓炎的病原是鸡传染性脑脊髓炎病毒，病鸡多为雏鸡、雏火鸡和雉鸡；症状为头、颈和腿部震颤，常以跗关节着地，轻瘫渐至麻痹，眼晶体浑浊失明；荧光抗体试验阳性鸡的组织中可见黄绿色荧光。

（2）鸡病毒性关节炎与传染性滑膜炎的鉴别　二者均可出现跛行、跗关节肿胀等症状。但传染性滑膜炎的病原为滑膜炎支原体；受害鸡有鸡和火鸡；症状是跛行，病鸡蹲于地上；病鸡的关节和腱鞘肿胀，趾、足关节常见黏稠的滑液渗出物。

（3）鸡病毒性关节炎与维生素 E-硒缺乏症的鉴别　二者均可出现跗关节肿大、跛行、走路不便等症状。不同处是维生素 E-硒缺乏症。一般在 15~30 日龄发病，病鸡头向下或向后痉挛，两腿发生痉挛性急收急松；火鸡在 6 周龄时肿大消失，严重的 14~16 周龄时关节再次肿大，剖检可见肌肉有灰色条纹，尿中尿酸增多，肌肉肌酸减少。

（4）鸡病毒性关节炎与胆碱缺乏症的鉴别　二者均可出现关节肿

大、步态不稳、母鸡产蛋率下降等症状。但胆碱缺乏症的症状为骨粗短、跗关节轻度肿胀，并有针尖状出血，后期跗关节变平，跗关节弯曲呈弓形；跟腱与髁骨滑脱；剖检可见肝脏肿大、色变黄，表面有出血点，质脆，有的肝脏破裂，腹腔有凝血块。

（5）鸡病毒性关节炎与钙磷缺乏和比例失调的鉴别　二者均可出现关节肿大、少数关节不能运动、跛行、产蛋率下降等症状。不同处是钙磷缺乏和比例失调导致的症状为雏鸡喙与爪较易弯曲，肋骨末端有串珠状小结节；成年鸡产薄壳蛋、软壳蛋，后期胸骨呈"S"状弯曲，肋骨失去硬度变形；剖检可见骨骼肿胀、疏松易折，骨髓腔变大；关节面软骨有肿胀缺损。

（6）鸡病毒性关节炎与痛风的鉴别　二者均可出现减食、消瘦、贫血、关节肿胀、跛行等症状。不同处是对饲料中蛋白质过多引起尿酸盐增多而造成的发病，病鸡排白色半黏液状稀粪，含有大量尿酸盐，关节出现豌豆大结节，破溃后流出黄色干酪样物；剖检可见内脏表面及胸腹膜有石灰样白色尿酸盐结晶薄膜，关节也有白色结晶。

【防治措施】

1）用广谱抗生素拌料或饮水，也可用多糖类药物饮水增强机体抵抗力。

2）免疫接种。肉用仔鸡在5～7日龄时接种弱毒苗；肉种鸡于5～7日龄时接种弱毒苗，8～10周龄时接种中等毒力弱毒苗，130～160日龄时肌内注射1次油乳剂灭活苗。

3）发病后，进行对症治疗。

十、减蛋综合征

减蛋综合征是由禽腺病毒Ⅲ群引起的以产蛋量下降、蛋壳异常、蛋体畸形、蛋质低劣为特征的病毒性传染病。病毒含红细胞凝集素，对外界环境抵抗力中等。

【流行特点】　不同品种、不同日龄的鸡均可感染该病，幼龄鸡感染后直至开产后才可被检测出抗体阳性，病毒在泄殖腔内增殖和排泄。该病的流行特点为：病毒的毒力在性成熟前的鸡体内不表现出来，产蛋初期的应激反应致使病毒活化令产蛋鸡患病。6～8月龄的母鸡处于发病高峰期。该病可经过垂直传播和水平传播，被感染鸡可通过蛋和种公鸡的精液传播。

【临床症状】　部分鸡出现精神差、厌食、羽毛蓬松、贫血、下痢、腹泻等症状。产蛋骤减，产出无壳蛋、软壳蛋、砂壳蛋、畸形蛋、小蛋等，蛋清稀薄，蛋黄色浅。

【病理变化】　该病的特征性病变为输卵管各段黏膜发炎、水肿、萎缩，病鸡的卵巢缩小或有出血，子宫黏膜发炎，肠道出现卡他性炎。

【防治措施】

（1）加强饲养管理　防止从疫区引种；严格执行卫生措施，避免该病的水平传播；有必要时可投喂抗生素，防止继发感染。

（2）免疫接种　对 18 周龄的后备母鸡，肌内或皮下接种 0.5 毫升减蛋综合征灭活疫苗，15 天后产生免疫力，抗体维持 12～16 周，40～50 周后抗体消失。

（3）临床用药

① 德信益母增蛋散：黄芪 40 克，益母草 20 克，板蓝根 20 克，山楂 60 克，淫羊藿 20 克。拌料用量为 1000 克药拌 500 千克饲料，预防时药量减半，连用 5～7 天。

② 黄连 50 克，黄芪 50 克，黄柏 5 克，黄药 30 克，白药 30 克，大青叶、板蓝根、党参各 50 克，黄芪 30 克，甘草 50 克。粉碎过 60 目筛，混匀，以 1% 的比例混于饲料中，连用 5 天。

十一、鸡传染性贫血病

鸡传染性贫血病是由传染性贫血病病毒引起的一种雏鸡的亚急性传染病，以再生障碍性贫血和全身淋巴组织萎缩造成免疫抑制为特征。

【流行特点】　该病潜伏期为 10 天，死亡多发生在感染后半个月内，鸡是该病毒的唯一宿主，不同品种不同年龄的鸡都可感染，但该病毒的易感性随日龄的增长而急剧下降，1 周龄以下的雏鸡最易感，公鸡比母鸡易感，肉鸡比蛋鸡易感。该病传播方式为垂直传播和水平传播，以垂直传播为主。

【临床症状】　病鸡主要表现为贫血。病鸡精神沉郁、虚弱、行动迟缓、羽毛松乱，喙、冠、肉髯、面部皮肤及可视黏膜苍白。生长不良，消瘦。发病鸡血液稀薄，红细胞和血红素明显降低，凝血时间延长。有的全身出血或头部、颈部、翅膀皮下出血，时间稍长皮肤呈蓝紫色，所以该病也称蓝翅病。腿、爪部皮肤出血。

【病理变化】 该病的特征性病变为骨髓萎缩，股骨骨髓脂肪化，呈浅黄白色，导致再生障碍性贫血。肝脏和肾脏肿大，褪色或呈浅黄色。胸腺、法氏囊萎缩，胸腺萎缩比骨髓萎缩更为明显。骨骼肌和腺胃黏膜出血，严重贫血的鸡可见肌胃黏膜糜烂或溃疡，心肌、真皮和皮下有出血点。翅膀皮下常见出血，呈蓝紫色。心脏变圆，脾脏、肝脏、肾脏肿大、褪色，肝脏黄染，颜色深浅不一，呈斑驳状。

【鉴别诊断】

(1) 鸡传染性贫血病与禽腺病毒Ⅰ型感染的鉴别 二者均可表现精神委顿，毛松乱，生长不良，冠髯头部皮肤苍白。禽腺病毒Ⅰ型感染在有其他致病因子存在时最易引起鸡包涵体肝炎，剖检可见肝脏肿大、色浅、质脆，肝脏和肌肉有出血斑，肝细胞中有大而圆或不规则形的嗜酸性或嗜碱性核内包涵体，气管有卡他性炎和大量黏性分泌物，气囊呈云雾状浑浊。用荧光抗体试验即可确诊。

(2) 鸡传染性贫血病与叶酸缺乏症的鉴别 二者均可表现生长不良，贫血，剖检可见肝脏、肾脏褪色或呈浅黄色。但是叶酸缺乏时表现骨粗而软弱，剖检可见胃有小点出血，肠黏膜有出血性炎症。

(3) 鸡传染性贫血病与B族维生素缺乏症的鉴别 二者均可出现鸡生长发育迟缓，脚、眼周围等皮肤发炎，贫血及神经麻痹等症状。但B族维生素缺乏所致的成年鸡产蛋量下降、蛋形变小、种蛋受精率降低、鸡胚死亡率高等症状，在鸡传染性贫血病病例中是没有的。

(4) 鸡传染性贫血病与鸡弓形虫病的鉴别 二者均可出现鸡冠苍白，消瘦，贫血，下痢等症状。但患鸡弓形虫病的病鸡排白色稀粪，共济失调，痉挛性收缩，角弓反张，歪头，失明；剖检可见心包膜有圆形结节，前胃壁增厚，有的有溃疡，小肠有明显结节，肝脏、脾脏有坏死灶，腹腔液或组织涂片镜检可见弓形虫。

(5) 鸡传染性贫血病与磺胺类药物中毒的鉴别 磺胺类药物中毒也可引起再生障碍性贫血，但肌肉及肠道有点状出血，血液凝固不良；有使用磺胺类药物的历史。此时应立即停药，在饮水中加入 0.5%～1% 的碳酸氢钠或5%葡萄糖治疗有效。

(6) 鸡传染性贫血病与鸡球虫病的鉴别 鸡传染性贫血病病鸡没有

血便，肠道见不到点状出血。鸡球虫病引起的贫血，可见到血便，肠道出血明显，使用抗球虫药治疗有效。

【防治措施】

（1）综合防治 禁止引进感染传染性贫血病病毒的种蛋，防止鸡群过早暴露于传染性贫血病病毒环境中，切断传播途径，做好马立克氏病、传染性法氏囊病等免疫抑制疾病的预防。

（2）免疫预防 饮水免疫具有毒力的活疫苗，或给母代接种减毒的活疫苗。

十二、鸡网状内皮组织增生病

鸡网状内皮组织增生病是由网状内皮组织增生病病毒引起的一种肿瘤性传染病。

【流行特点】 自然宿主有鸡、火鸡、鸭、鹅等，该病毒感染鸡胚或雏鸡会引起严重的免疫抑制或免疫耐受。该病有垂直传播和水平传播2种传播方式，吸血昆虫在该病的传播中也具有一定作用。

【临床症状与病理变化】 病鸡表现贫血，生长缓慢，消瘦；胸腺、法氏囊萎缩；有腺胃炎症状；病毒侵害免疫系统，造成免疫功能低下或免疫抑制。腿麻痹，站立不稳，运动失调。多种内脏器官出现肿瘤，肝脏肿大，表面有大小不一的灰白色肿瘤结节。腺胃外观肿大，黏膜肿胀、出血，乳头模糊，界限不清。

【鉴别诊断】 请参考马立克氏病对应部分的叙述。

【防治措施】 加强饲养管理，严格规范执行兽医卫生标准，防止病原入侵。及时检测鸡网状内皮组织增生病病毒抗体，及时淘汰血清学阳性个体。

十三、心包积液-肝炎综合征

心包积液-肝炎综合征是由禽腺病毒I群IV型引起的一种新型鸡病，典型症状是3~5周龄肉鸡突然死亡，并伴有心包积液和肝炎。

【流行特点】 该病主要发生于3~5周龄的肉用仔鸡，也可见于种鸡、麻鸡和蛋鸡。自然或经口感染的潜伏期为1~2周。快速生长的肉鸡最易感，发病后3~4天出现死亡高峰，持续4~7天后开始下降。禽腺病毒具有高致病性，可经机械方式和被带毒粪便污染的器具在养鸡场间迅速传播。同一鸡群内该病毒主要通过粪-口途径进行水平传播。

【临床症状】 该病以无先兆而突然倒地，两脚划空，数分钟内死亡为特征。发病鸡群多于3周龄开始死亡，随后逐渐减少。

【病理变化】 病变多见于发病鸡的心脏、肝脏、肾脏、肺，病死鸡90%以上有明显大量心包积液，颜色浅黄且澄清，心包成水囊状；肝脏肿大，质脆且充血，外观呈浅黄色至深黄色，有出血点或坏死灶（彩图17）。肾脏苍白，肿大易碎（彩图18）。气管环出血，肺充血水肿。胸腺肿大、出血。腺胃出血，肌胃糜烂（彩图19），肠黏膜弥漫性出血。骨髓颜色变浅。

【防治措施】

（1）加强饲养管理 避免各种应激因素，注意鸡舍的温度、湿度、通风及环境卫生，创造良好饲养环境，做好免疫抑制性疾病的防控尤其是传染性法氏囊病、鸡传染性贫血病等疾病的防控，这些疾病均可引起继发感染。因为该病可经垂直传播，所以还要加强对引进种鸡的检疫。

（2）选择适合的疫苗进行免疫 用禽腺病毒Ⅰ群Ⅳ型制备的灭活苗对预防该病有良好作用，同时对其他血清型有交叉保护作用。卵黄抗体对该病也有较好的治疗效果，发病后，每只鸡注射0.5~1.0毫升，即可获得良好效果。

（3）临床用药 德信安克：龙胆45克，车前子30克，柴胡30克，当归30克，栀子30克，生地黄45克，甘草15克，黄芩30克，泽泻45克，木通20克。用于预防时，将本品1000克拌料300千克；用于治疗时，将本品1000克拌料150千克或水煎过滤液兑水饮，用药渣拌料，连用3~5天。

注意 心包积液病状明显时可配合板蓝根100克、大青叶100克、黄连30克。

第　五　章　鸡细菌性传染病的诊治

一、沙门菌病

1. 鸡白痢

鸡白痢是由鸡白痢沙门菌引起的一种传染病，其主要特征是患病雏鸡排白色糊状粪便。

【流行特点】　多种鸡（如鸡、火鸡、鸭、雏鹅、珍珠鸡、雉鸡、鹌鹑、麻雀、欧洲莺、鸽等）都可感染发病，但流行主要限于鸡和火鸡，尤其鸡对该病最敏感。病鸡的排泄物、分泌物及带菌种蛋均是该病主要的传染源。该病主要经蛋垂直传播，也可通过被粪便污染的饲料、饮水和孵化设备水平传播，野鸟、啮齿类动物和蝇可作为传播媒介。发病无明显的季节性。

【临床症状】　经蛋感染严重的雏鸡往往在出壳后 1～2 天内死亡，部分外表健康的雏鸡 7～10 天时发病，7～15 日龄为发病和死亡的高峰，16～20 日龄时发病逐日下降，20 日龄后发病迅速减少。其发病率因品种和性别而稍有差别，一般在 5%～40%，但在新传入该病的鸡场，其发病率显著增高，有时甚至达 100%，病死率也较老疫区的鸡群高。病鸡的临床症状因发病日龄不同而有较大的差异。

（1）雏鸡　3 周龄以下的雏鸡临床症状较为典型，怕冷、扎堆、尖叫、两翅下垂、反应迟钝、不食或少食，拉白色糊状或带绿色的稀粪，沾染肛门周围的绒毛，粪便干后结成石灰样硬块，常常堵塞肛门，出现"糊肛"现象，影响排粪。肺型白痢病例出现张口呼吸现象，最后因呼吸困难、心力衰竭而死亡。某些病雏出现失明或关节肿胀、跛行症状。病程一般 4～7 天，短者 1 天，20 日龄以上的鸡病程较长，病鸡极少死亡。耐过鸡生长发育不良，成为慢性患者或带菌者。

（2）**育成鸡**　育成鸡的发病受应激因素（如饲养密度过大、气候突变、卫生条件差等）的影响较大，多发生于 40～80 日龄。一般突然发生，呈现零星突然死亡，从整体上看鸡群没有什么异常，但鸡群中总有几只鸡精神沉郁、食欲差和腹泻。病程较长，一般 15～30 天，死亡率达 5%～20%。

（3）**成年鸡**　一般呈慢性经过，无任何症状或仅出现轻微症状。鸡冠和眼结膜苍白，饮欲增加，感染母鸡的产蛋量、受精率和孵化率下降。极少数病鸡表现精神委顿，排出稀粪，产蛋停止。有的感染鸡因卵黄囊炎引起腹膜炎、腹膜增生而出现"垂腹"现象。

【病理变化】

（1）**雏鸡**　病/死雏鸡表现为卵黄吸收不良，呈污绿色或灰黄色奶油样或干酪样。肝脏、脾脏、肾脏肿胀，有散在或密布的坏死点。肾脏充血或贫血，肾小管和输尿管充满尿酸盐，呈花斑状。盲肠膨大，有干酪样物阻塞。"糊肛"鸡见直肠积粪。病程稍长者，在肺上有黄白色米粒大小的坏死结节。

（2）**育成鸡**　育成鸡的主要病变为肝脏肿大至正常的数倍，质地极脆，一触即破，有散在或较密集的小红点或小白点；脾脏肿大；心脏严重变形、变圆、坏死，心包增厚，心包扩张，心包膜呈黄色不透明状，心肌有黄色坏死灶，心脏形成肉芽肿（彩图 20）；肠道呈卡他性炎症，盲肠、直肠形成粟粒大小的坏死结节。

（3）**成年鸡**　成年母鸡的主要剖检病变为卵子变形、变色，有腹膜炎，伴以急性或慢性心包炎；成年公鸡出现睾丸炎或睾丸极度萎缩，输精管管腔增大，充满黏稠的均质渗出物。

【鉴别诊断】　鸡白痢主要表现为病鸡鸡冠萎缩、贫血、下痢，排出粉白带绿色粪便，沾污肛门周围绒毛，有的病雏双目失明，或出现胫跗关节和其他关节肿胀，表现跛行。

（1）**鸡白痢与鸡球虫病的鉴别**　二者均具有腹泻症状。但鸡球虫病病鸡表现共济失调，翅膀下垂，贫血，鸡冠苍白，粪便呈水样、稀薄、带血。

（2）**鸡白痢与雏鸡曲霉菌病的鉴别**　二者在发病日龄、死亡规律、症状及病变上均相似。这 2 种病病鸡的肺部均有结节性变化，但雏鸡曲霉菌病的肺结节明显凸出肺表面，柔软有弹性，内容物呈干酪样，与雏鸡白痢的肺部病变有所不同，且肺、气囊、气管等处有霉菌斑。

（3）**鸡白痢与大肠杆菌病的鉴别**　二者均有腹泻症状。但大肠杆菌病病鸡表现精神萎靡不振，离群呆立或蹲伏不动，冠髯呈青紫色，眼虹膜呈灰白色，视力减退或失明；肛门周围羽毛粘有粪便，排绿色或黄白色稀粪；关节肿大，病鸡蹲伏，不能站或跛行。

（4）**鸡白痢与新城疫的鉴别**　二者均有腹泻症状。但新城疫病鸡表现体温升高，食欲废绝，鸡冠和肉髯发绀，面部肿胀；张口呼吸，有"呼噜"声，咳嗽，口流黏液，病鸡拉稀，粪便呈黄绿色；后期可见震颤、转圈、眼和翅膀麻痹，头颈扭转，仰头呈"观星"姿势及跛行等神经症状。

（5）**鸡白痢与禽流感的鉴别**　二者均有腹泻症状。但禽流感病鸡表现精神不振，呼吸困难，肿头、流泪、流涕，眼睑水肿，冠、肉垂肿胀、出血、坏死，冠紫，肢鳞呈蓝紫色，腹泻呈水样稀粪，有些病例呈浅灰绿色、浅黄色，尿酸盐增多。

（6）**鸡白痢与葡萄球菌病的鉴别**　二者均有腹泻症状。但葡萄球菌病病鸡饮欲、食欲减退或废绝；少部分病鸡下痢，排出灰白色或黄绿色稀粪；表现皮下浮肿及体表不同部位皮肤的炎症、关节炎、雏鸡脐炎、眼型及肺型症状，以及胚胎死亡等症状。

（7）**鸡白痢与组织滴虫病的鉴别**　二者均有腹泻症状。但组织滴虫病病鸡表现精神沉郁，食欲废绝，羽毛松乱，两翅下垂，嗜睡，怕冷，常拥挤在一起；下痢，排土黄色至深黄色稀便，有的排血便；头皮常呈蓝紫色或黑色；取病鸡粪便作显微镜检查，在粪便中发现虫体。

（8）**鸡白痢与坏死性肠炎的鉴别**　二者均有腹泻症状。但坏死性肠炎病例表现明显的精神委顿、蹲坐，食欲减退，羽毛松乱，翅下垂，贫血，腹泻，排红色乃至黑褐色煤焦油样下痢便，有时混有肠黏膜，病鸡迅速死亡。

【防治措施】

（1）**净化种鸡群**　有计划地培育无白痢病的种鸡群是控制该病的关键，对种鸡（包括公鸡）逐只进行鸡白痢血凝试验，一旦发现阳性立即淘汰或转为商品鸡，以后种鸡每月进行1次鸡白痢血凝试验，连续3次，公鸡要求在 12 月龄后再进行 1~2 次检查，阳性者一律淘汰或转为商品鸡，从而建立无鸡白痢的健康种鸡群。购买雏鸡时，应尽可能地避免从有白痢病的种鸡场引进雏鸡。

（2）免疫接种 一种是雏鸡用的菌苗为 9R，另一种是育成鸡和成年鸡用的菌苗为 9S，这 2 种弱毒菌苗对该病都有一定的预防效果，但国内使用不多。

（3）做好鸡场生物安全防范措施 要注意切断传染源，防止鸡被沙门菌感染。因此，要求对鸡舍和用具经常消毒，产蛋箱内应清洁无粪便，及时收蛋并送至种蛋室保存和消毒。孵化器（尤其是出雏器）内的死胚、破碎的蛋壳及绒毛等应仔细收集后消毒。重视雏鸡的饮水卫生，大小鸡不能混养。防止鼠、飞鸟进入鸡舍，禁止无关人员随便出入鸡舍。发现死鸡，尽快请当地有执业兽医资格的兽医专业人士诊断；不要随手乱扔死鸡，要做无害化处理，焚烧或丢入化粪池。

（4）利用微生态制剂预防 用蜡样芽孢杆菌、乳酸杆菌或粪链球菌等制剂混在饲料中喂鸡，这些细菌在肠道中生长后，有利于厌氧菌的生长，从而抑制了沙门菌等需氧菌的生长。

（5）药物预防

1）氨苄西林钠。注射用氨苄西林钠按每千克体重 10~20 毫克 1 次肌内或静脉注射，每天 2~3 次，连用 2~3 天。氨苄西林钠胶囊按每千克体重 20~40 毫克 1 次内服，每天 2~3 次。10% 氨苄西林钠可溶性粉按每升饮水 600 毫克混饮。

2）硫酸链霉素。注射用硫酸链霉素按每千克体重 20~30 毫克 1 次肌内注射，每天 2~3 次，连用 2~3 天。硫酸链霉素按每千克体重 50 毫克内服，或按每升饮水 30~120 毫克混饮。

3）卡那霉素。25% 硫酸卡那霉素注射液按每千克体重 10~30 毫克 1 次肌内注射，每天 2 次，连用 2~3 天。或按每升饮水 30~120 毫克混饮 2~3 天。

4）庆大霉素（正泰霉素）。4% 硫酸庆大霉素注射液按每千克体重 5~7.5 毫克 1 次肌内注射，每天 2 次，连用 2~3 天。硫酸庆大霉素按每千克体重 50 毫克内服，或按每升饮水 20~40 毫克混饮 3 天。

5）硫酸新霉素。硫酸新霉素片按每千克饲料 70~140 毫克混饲 3~

5天。3. 25%、6.5%硫酸新霉素可溶性粉按每升水35～70毫克混饮3～5天。产蛋鸡禁用。肉鸡休药期为5天。

6）土霉素（氧四环素）。注射用盐酸土霉素按每千克体重25毫克1次肌内注射。土霉素片按每千克体重25～50毫克1次内服，每天2～3次，连用3～5天。或按每千克饲料200～800毫克混饲。盐酸土霉素水溶性粉按每升饮水150～250毫克混饮。

7）甲砜霉素。甲砜霉素片按每千克体重20～30毫克1次内服，每天2次，连用2～3天。5%甲砜霉素粉按每千克饲料50～100毫克混饲。以上均以甲砜霉素含量计。

8）德信贝益健。穿心莲200克，白头翁100克，黄芩50克，秦皮50克，藿香50克，陈皮50克。预防用量为本品1000克拌料500千克。治疗用量为本品1000克拌料250千克或水煎过滤液兑水饮，用药渣拌料，连用3～5天。

注意　　可根据临床症状表现，在肠炎症状明显时，加黄柏或大黄30克。

此外，其他抗鸡白痢药物还有氟苯尼考（氟甲砜霉素）、安普霉素（阿普拉霉素、阿布拉霉素）、环丙沙星（环丙氟哌酸）、恩诺沙星（乙基环丙沙星、百病消）、多西环素（强力霉素、脱氧土霉素）、磺胺甲噁唑（磺胺甲基异噁唑、新诺明、新明磺、SMZ）、阿莫西林（羟氨苄青霉素）等。

2. 鸡伤寒

鸡伤寒是由鸡伤寒沙门菌引起的一种急性或慢性败血性传染病。临床上以黄绿色腹泻、肝脏肿大呈青铜色（尤其是生长期和产蛋期的母鸡）为特征。

【流行特点】　鸡和火鸡对该病最易感。雉鸡、珍珠鸡、鹌鹑、孔雀、松鸡、麻雀、斑鸠也有自然感染该病的报道。鸽子、鸭、鹅则对该病有抵抗力。该病主要发生于成年鸡（尤其是产蛋期的母鸡）和3周龄以上的育成鸡，3周龄以下的鸡偶尔发病。病鸡和带菌鸡是主要的传染源。该病经蛋垂直传播，也可通过被粪便污染的饲料、饮水、土壤、用

第五章

具、车辆和环境等水平传播。病菌入侵途径主要是消化道，其他还包括眼结膜等。有报道认为老鼠可机械性传播该病，是一个重要的传播媒介。该病发病无明显的季节性。

【临床症状】 该病的潜伏期一般为4～5天，病程约为5天。雏鸡和雏火鸡发病时的临床症状与鸡白痢较为相似，但与鸡白痢不同的是，伤寒病雏除急性死亡一部分外，还经常零星死亡，一直延续到成年期。育成鸡或成年鸡和火鸡发病后常表现为突然停食，精神委顿，两翅下垂，冠和肉髯苍白，体温升高1～3℃，由于肠炎和肠中胆汁增多，病鸡排出黄绿色稀粪。死亡多发生在感染后5～10天，死亡率较低。一般呈散发或地方流行性，致死率为5%～15%。康复鸡往往成为带菌者。

【病理变化】 剖检病/死雏鸡可见肝脏上有大量坏死点，有的病雏的肝脏呈铜绿色。病/死育成鸡和成年鸡剖检可见肝脏充血、肿大并染有胆汁，呈青铜色或绿色（彩图21），质脆，表面时常有散在性的灰白色粟粒状坏死小点，胆囊充斥胆汁而膨大；脾脏与肾脏呈显著的充血肿大，表面有细小的坏死灶；心包发炎、积液；卵巢和卵泡变形、变色、变性（彩图22），且往往因卵泡破裂而引发严重的腹膜炎；肺和肌胃可见灰白色小坏死灶；肠道一般可见到卡他性肠炎，尤其以小肠明显，盲肠有土黄色干酪样栓塞物，大肠黏膜有出血斑，肠管间发生粘连。成年鸡的卵泡及腹腔病变与成年鸡鸡白痢相似。

【鉴别诊断】

（1）鸡伤寒与鸡白痢的鉴别 鸡白痢多发生于2～3周龄及以下的雏鸡，死亡高峰在10日龄以下；而雏鸡伤寒和雏鸡副伤寒均可以导致刚出壳1周内的雏鸡大批死亡，后两者的鉴别依靠对病原菌的分离鉴定。

（2）鸡伤寒与禽霍乱的鉴别 禽霍乱多发生于16周龄以上的产蛋鸡群，病死率高，病程短，最急性病鸡一般无前期症状而突然死亡，或出现症状后数分钟死亡，并且多见于肥壮及产蛋率高的鸡；急性病鸡常在1～3天内死亡，剖检时有明显的全身性出血病变，肝脏稍肿、质脆，呈棕色或棕黄色，肝脏表面散布有许多灰白色、针尖大的坏死点，常见心包内积有不透明的浅黄色液体或纤维素性液体，心外膜和心冠脂肪明显出血，脾脏一般无明显变化。而鸡伤寒的病程较长，多于发病后5～10天内死亡，且病死率较禽霍乱低，剖检时会发现肝脏、脾脏肿大，肝脏呈绿褐色或青铜色。

【防治措施】 请参考"鸡白痢"相关部分的内容叙述。

3. 鸡副伤寒

鸡副伤寒是由鼠伤寒沙门菌、肠炎沙门菌等引起的一种败血性传染病。该病广泛存在于各类鸡场，给养鸡业造成严重的经济损失。

【流行特点】 该病经蛋传播或早期孵化器感染时，在出雏后的几天发生急性感染，6～10天时达到死亡高峰，死亡率为20%～100%。通过病雏的排泄物引起的其他雏鸡的感染，多于10～12日龄发病，死亡高峰在10～21日龄，1月龄以上的鸡一般呈慢性或隐性感染，很少发生死亡。该病主要经消化道传播，也可经蛋垂直传播。

【临床症状与病理变化】 病雏主要表现为精神沉郁、呆立，垂头闭眼，羽毛松乱，恶寒怕冷，食欲减退，饮水增加，水样腹泻。有些病雏可见结膜炎和失明。成年鸡一般不表现症状。最急性感染的病死雏鸡可能看不到病理变化，病程稍长时可见消瘦、脱水、卵黄凝固、肝脏脾脏充血、出血或有点状坏死，肾脏充血，心包炎等。肌肉感染处可见肌肉变性、坏死。有些病鸡关节上有多个大小不等的肿胀物。成年鸡急性感染时表现为肝脏、脾脏肿大、出血，心包炎，腹膜炎，出血性或坏死性肠炎。

【防治措施】 药物治疗可以减少该病的发病和死亡，但应注意治愈鸡仍可长期带菌，应重视鸡副伤寒在人类公共卫生上的意义，并给以预防。具体内容请参考"鸡白痢"相关部分的叙述。

二、禽霍乱

禽霍乱又称禽出血性败血病，由多杀性巴氏杆菌引起，鸡、鸭、鹅、火鸡都可发生。多杀性巴氏杆菌为革兰阴性菌，无鞭毛，不运动，无芽孢，对外界环境抵抗力不强，在干燥空气中2～3天可死亡。该菌容易自溶，在无菌蒸馏水和生理盐水中迅速死亡。

【流行特点】 鸡、鸭、鹅、火鸡对多杀性巴氏杆菌都有易感性，该病可引起野鸟大批死亡，常呈散发或地方流行性。病鸡、带菌鸡是主要传染源。该病可通过呼吸道、消化道传染，被病鸡排泄物污染的水、饲料、土壤等通过消化道感染健康鸡；病鸡咳嗽、鼻腔内分泌物排出病菌，污染空气，通过飞沫经呼吸道传播。该病一年四季均可发生，以夏秋季节多发，有的地区春、秋两季发病较多。

【临床症状】

（1）**最急性型** 该型发病急，死亡快，缺乏典型临床症状。

（2）**急性型** 病鸡精神沉郁，闭目缩颈，羽毛蓬松，怕冷扎堆，恶寒怕冷，头缩在翅下，不愿走动，离群呆立，体温升高，少食或不食，饮水增加。呼吸困难，鸡冠、肉髯发绀、肿胀。口鼻分泌物增加，病鸡腹泻，排白色、黄色、绿色粪便。产蛋鸡停产，最后发生衰竭、昏迷而死亡。

（3）**慢性型** 由急性型病例耐过转成慢性型。病鸡精神、食欲时好时坏，发生局部感染，翅或关节肿胀，脚趾麻痹，出现跛行、腹泻等。病鸡鼻孔常有黏液性分泌物流出，鼻窦肿大，喉头积有分泌物而影响呼吸。

【病理变化】

（1）**最急性型** 该型病例常见不到明显变化，或肝脏上有大小不一的坏死灶，心外膜有针尖大小的点状出血。

（2）**急性型** 该型的特征性病变在肝脏，肝脏肿大，呈棕黄色或黄色，质地脆，在被膜下和肝实质中有弥漫性、数量较多、密集的灰白色针尖至针头大小的坏死点。脾脏肿大，质地柔软。心脏扩张，心包积液，心脏积有血凝块，心肌质地变软。心冠脂肪有针尖大小的出血点，心外膜片状出血或块状出血，心内膜沿心肌条纹状出血。气管环出血，肺高度瘀血、水肿甚至实变。十二指肠呈急性卡他性炎或急性出血，肠管扩张，浆膜散布小出血点，全段肠管呈紫红色。

（3）**慢性型** 该型病例以呼吸道症状为主，以纤维素性坏死性肺炎为特征性病变。肺炎为大叶性，肺实变，肺组织高度出血、瘀血，呈黑紫色。侵害关节的病例可见关节肿大，足与翅的各关节呈现慢性纤维素性或化脓性纤维素性关节炎。

【鉴别诊断】 禽霍乱与新城疫的鉴别方法如下：

二者在临床症状和病理变化上有相同之处，如均表现为精神不振，羽毛松乱，离群独处，鸡冠和肉髯呈暗红色；口鼻有黏液流出，呼吸困难，咳嗽，伸颈，张口呼吸，并发出"咯咯"喘鸣音及尖锐的叫声；粪便呈灰黄色或黄绿色。剖检均可见到肠道黏膜的广泛性出血，以十二指肠最为严重；心冠脂肪呈洒水样出血；腹膜、皮下组织、肠系膜脂肪、肠黏膜有出血点或出血斑；盲肠扁桃体肿大，出血，坏死。新城疫和禽霍乱的肠道出血表现有相似之处，如表现十二指肠卡他性出血性炎症，空肠环状出血。但新城疫表现为十二指肠末端、卵黄蒂下端空肠及两盲肠之间的回肠黏膜上有枣核状或岛屿状肿块或轻度出血，而禽霍乱表现为龙骨内侧浆膜、肠浆膜、腹膜有出血点，十二指肠弥漫性出血，黏膜肿胀呈紫红色，内容物血样等特征。如嗉囊内有积液，倒提有大量黏液或浆液从口流出呈"吊线"状；出现蛋清样粪便；有神经症状；剖检见腺胃黏膜、腺胃乳头水肿或出血；气管环出血，有黏液渗出，当首先怀疑为新城疫。如心包积黄色液体，心冠脂肪出血的同时有心外膜出血；肝脏肿大，表面尤其是边缘有灰白色针尖大的坏死点，当首先怀疑为禽霍乱。

【防治措施】

（1）疫苗接种　使用禽霍乱蜂胶灭活疫苗免疫接种，40～50日龄进行首次免疫，110～120日龄进行第二次免疫。

（2）药物治疗

1）化学药物。

① 头孢噻呋：按每千克体重15毫克连续注射3天；新霉素或环丙沙星按0.01%的比例饮水，连用4～5天；氟苯尼考或强力霉素饮水，连用3～4天；阿莫西林饮水，连用3～4天。

② 磺胺甲噁唑：40%磺胺甲噁唑注射液按每千克体重20～30毫克1次肌内注射，连用3天。磺胺甲噁唑片按0.1%～0.2%的比例混饲。

③ 磺胺对甲氧嘧啶：磺胺对甲氧嘧啶片按每千克体重50～150毫克1次内服，每天1～2次，连用3～5天。按0.05%～0.1%的比例混饲3～5天，或按0.025%～0.05%的比例混饮3～5天。

④ 磺胺氯达嗪钠：30%磺胺氯达嗪钠可溶性粉，肉鸡按每升饮水300毫克混饮3～5天。休药期为1天。蛋鸡产蛋期禁用。

⑤ 盐酸沙拉沙星：5%盐酸沙拉沙星注射液，1日龄雏鸡按每只0.1毫升1次皮下注射。1%盐酸沙拉沙星可溶性粉按每升饮水20～40毫克混饮，连用5天。蛋鸡产蛋期禁用。

2）中草药。

① 穿心莲、板蓝根各6份，蒲公英、旱莲草各5份，苍术3份，粉

碎成细粉，过筛，混匀，加适量淀粉，压制成片，每片含生药 0.45 克，每只鸡每次 3 ~ 4 片，每天 3 次，连用 3 天。

②雄黄、白矾、甘草各 30 克，金银花、连翘各 15 克，茵陈 50 克，粉碎成末拌入饲料投喂，每只鸡每次 0.5 克，每天 2 次，连用 5 ~ 7 天。

③茵陈、半枝莲、大青叶各 100 克，白花蛇舌草 200 克，藿香、当归、车前子、赤芍、甘草各 50 克，生地黄 150 克，水煎取汁，为 100 只鸡 3 天用量，分 3 ~ 6 次饮服或拌入饲料，对病重不食者灌少量药汁，适用于治疗急性禽霍乱。

④茵陈、大黄、茯苓、白术、泽泻、车前子各 60 克，白花蛇舌草、半枝莲各 80 克，生地黄、生姜、半夏、桂枝、白芥子各 50 克，水煎取汁供 100 只鸡 1 天用，饮服或拌入饲料，连用 3 天，用于治疗慢性禽霍乱。

三、大肠杆菌病

鸡的大肠杆菌病由某些致病性大肠杆菌引起，其特征是引起心包炎、肝周炎、气囊炎、腹膜炎、输卵管炎、滑膜炎、大肠杆菌性肉芽肿、败血症等病变。大肠杆菌为鸡肠道中的常在菌，是革兰阴性菌，抗原构造复杂。大肠杆菌有鞭毛，可运动，对营养要求不严格，在普通培养基上能良好生长，在伊红亚甲蓝琼脂上生成有紫黑色金属光泽的菌落，在麦康凯琼脂培养基上形成粉红色菌落。对外界环境具有中等抵抗力。对氟甲砜霉素、新霉素、金霉素、头孢类药物敏感，但容易产生耐药性。

【流行特点】 大肠杆菌病是一种条件性疾病，在卫生环境良好的鸡舍不易发病；但对卫生条件差、通风不良、饲养管理不善的养鸡场，可造成严重损失。肠道中的大肠杆菌随粪便排出体外，污染周围环境、饲料、水源、垫料等，当鸡体抵抗力减弱时就会侵入机体，引起发病。大肠杆菌可经蛋壳或感染的卵巢、输卵管而侵入蛋内，带菌孵出的雏鸡隐性感染，在某些应激或损伤作用下表现为显性。消化道、呼吸道是大肠杆菌水平传播的主要途径。各种不良的饲养管理因素都是大肠杆菌病发生的诱因，该病一年四季均可发生，以冬、夏为主，肉用仔鸡最易感染，蛋鸡具有一定抵抗力。此外，该病常继发或并发慢性呼吸道病、禽流感等疾病，若继发或并发感染，死亡率升高。

【临床症状】 病鸡精神沉郁，食欲下降，羽毛粗乱，消瘦。呼吸困难，黏膜发绀。腹泻下痢，排黄绿色稀薄粪便。出现关节炎，跗关节炎，跖关节肿大，关节附近有大小不一的水疱、脓包。眼球炎，出现肿头症状。脑炎，出现神经症状。皮炎，皮肤上有出血、黄色结痂。

【病理变化】

（1）**大肠杆菌败血症**　病鸡突然死亡，皮肤、肌肉瘀血，呈紫黑色。肝脏肿大，呈紫红色或铜绿色，表面有散在的小坏死灶（彩图23）。肠黏膜弥漫性充血、出血，整个肠管呈紫色。心脏体积变大，心肌变薄，心包腔充满大量黄色积液。肾脏肿大，呈紫红色。肺出血、水肿。

（2）**肝周炎**　剖检可见肝脏有一层黄白色纤维蛋白渗出，肝脏变形，质地变硬，表面有许多大小不一的坏死点。脾脏肿大，呈紫红色。严重者与内脏器官发生粘连。

（3）**气囊炎**　剖检可见气囊增厚，气囊不透明，气囊内有黏稠的黄白色物质。

（4）**纤维素性心包炎**　剖检可见心包膜浑浊、增厚，心包腔内有囊性分泌物，心包膜及心外膜上有纤维蛋白附着，呈黄白色。严重者心包膜与心外膜粘连。

（5）**关节炎**　多见跗关节、趾关节炎，关节肿大，关节腔内有纤维蛋白渗出或浑浊关节液。

（6）**全眼球炎**　单侧或双侧眼肿胀，眼结膜潮红，严重者失明，有干酪样渗出物。

（7）**输卵管炎**　产蛋鸡感染大肠杆菌时，常发生输卵管炎，其特征是输卵管高度扩张，内有异形蛋样渗出物，表面不光滑，切面呈轮层状，输卵管膜充血、增厚。幼龄鸡也会发生输卵管炎，管腔中有柱状的渗出物。

（8）**卵黄性腹膜炎**　由于卵巢、卵泡和输卵管感染，进一步发展成为广泛的卵黄性腹膜炎，引起大量腹水（彩图24），故大多数病鸡往往突然死亡。

（9）**肉芽肿**　大肠杆菌侵害雏鸡与成年鸡时，心脏、肠系膜、胰腺、肝脏和肠管多发肉芽肿。在这些器官可发现粟粒大的肉芽肿结节，系膜除散发肉芽肿结节外，还常因淋巴细胞与粒细胞增生、浸润而呈油脂状肥厚，结节的切面呈黄白色，略现放射状、环状波纹或多层性。

【鉴别诊断】

1) 该病引起的关节肿胀、跛行与葡萄球菌关节炎、巴氏杆菌关节炎、沙门菌关节炎、鸡病毒性关节炎、锰缺乏症等引起的病变类似，应注意区别。葡萄球菌病表现为多个关节肿胀，以跗关节和趾关节多见，切开关节流出黄色脓汁，涂片镜检可见大量葡萄球菌。滑液囊关节炎表现为跗关节肿胀，切开后关节囊内有黏稠液体或干酪样物质，多发于4～16周龄，偶尔见于成年鸡。鸡病毒性关节炎表现为跗关节炎，后侧腓肠肌腱和腱鞘肿胀，切开后关节腔积液呈草黄色或浅红色。关节痛风表现为四肢关节肿胀，有的四肢掌趾关节肿胀，切开后关节囊内有浅黄色或灰色石灰乳样尿酸盐沉积。大肠杆菌病表现为关节肿大，切开后关节流出浑浊液体，重者关节腔内有干酪样物质，涂片镜检可见革兰阴性小杆菌。

2) 该病引起的头、眼睑水肿及流泪与禽流感、慢性呼吸道病、鸡痘类似，应注意区别。禽流感、慢性呼吸道病、鸡痘3种病都有头、眼睑水肿，流泪，有黏性分泌物的症状。禽流感鸡冠有坏死灶，趾及腿部鳞片出血，全身浆膜、黏膜及内脏严重出血，颈、喉明显肿胀，鼻孔有血液分泌物。慢性呼吸道病气囊增厚，浑浊，有泡沫样或黄色干酪样物质，肺门有灰红色肺炎病灶。皮肤型鸡痘无毛部皮肤及肛门周围、翅膀内侧均有痘疹，坏死后有痂皮；黏膜型鸡痘在口腔及咽喉黏膜上有白色痘斑凸出于黏膜，相互融合表面可形成黄白色伪膜。大肠杆菌病呈单侧眼炎，全眼球炎，可引起多种类型病症，见于30～60日龄雏鸡，严重的会引起失明、败血症、气囊炎、脐炎、关节炎及肠炎。

3) 该病剖检出现的心包炎、肝周炎和气囊炎（俗称"三炎"或"包心包肝"）病变与慢性呼吸道病、痛风的剖检病变相似，应注意区别。慢性呼吸道病主要感染4～8周龄的雏鸡，呈慢性经过，传播速度较为缓慢，临床表现为流出浆液性鼻液、咳嗽、打喷嚏、呼吸困难，后期表现为眼睑肿胀，眼部向外凸出，眼球萎缩失明。鼻腔、气管、支气管和气囊内存在黏稠物，气囊膜变得浑浊，在黏膜表面存在结节性病灶，内部含有干酪样渗出物。痛风由于饲料中蛋白质过多引起尿酸盐增多从而引起发病，病鸡排白色半黏液状稀粪，含有大量尿酸盐，关节出现豌豆大结节，破溃后流出黄色干酪样物。剖检可见内脏表面及胸腹膜有石灰样白色尿酸盐结晶薄膜，关节也有白色结晶。

4）该病表现的腹泻与鸡球虫病，轮状病毒病，疏、密螺旋体病，以及某些中毒病等出现的腹泻相似，应注意区别。

5）该病出现的输卵管炎与鸡白痢、鸡伤寒、鸡副伤寒等呈现的输卵管炎相似，应注意区别。

6）该病表现的呼吸困难与慢性呼吸道病、新城疫、鸡传染性支气管炎、禽流感、鸡传染性喉气管炎等表现的症状相似，应注意区别。

7）该病引起的脐炎、卵黄囊炎与沙门菌病、葡萄球菌病等引起的病变类似，应注意区别。

【防治措施】

（1）加强饲养管理　添加微生态制剂，抑制大肠杆菌及其他细菌生长。

（2）免疫预防　注射大肠杆菌灭活油乳疫苗。

（3）临床用药

① 按疗程使用磺胺类药物、抗生素、喹诺酮类药物进行治疗。新霉素、安普霉素、强力霉素、氟苯尼考等拌料或饮水，连用 4～5 天。

② 头孢噻呋：注射用头孢噻呋钠或 5% 盐酸头孢噻呋混悬注射液，雏鸡按每只 0.08～0.2 毫克颈部皮下注射。

③ 氟苯尼考：氟苯尼考注射液按每千克体重 20～30 毫克 1 次肌内注射，每天 2 次，连用 3～5 天。或按每千克体重 10～20 毫克 1 次内服，每天 2 次，连用 3～5 天。10% 氟苯尼考散按每千克饲料 50～100 毫克混饲 3～5 天。以上均以氟苯尼考计。

④ 安普霉素：40% 硫酸安普霉素可溶性粉按每升饮水 250～500 毫克混饮 5 天。以上均以安普霉素计。鸡休药期为 7 天，蛋鸡产蛋期禁用。

⑤ 环丙沙星：2% 盐酸或乳酸环丙沙星注射液按每千克体重 5 毫克 1 次肌内注射，每天 2 次，连用 3 天。或按每千克体重 5～7.5 毫克 1 次内服，每天 2 次。2% 盐酸或乳酸环丙沙星可溶性粉按每升饮水 25～50 毫克混饮，连用 3～5 天。

⑥ 德信常效：石膏 670 克，金银花 140 克，玄参 100 克，黄芩 80 克，生地黄 80 克，连翘 70 克，栀子 70 克，龙胆 60 克，板蓝根 60 克。预防用量：本品 1000 克拌料 500 千克。治疗用量：本品 1000 克拌料 250

千克或水煎过滤液兑水饮用，连用3~5天。

出现西红柿粪便时加白芷50克，茯苓50克。

⑦德信肠杆素：穿心莲40克，大青叶20克，葫芦茶30克，苦参30克，秦皮45克，黄连45克，黄芩30克，辣蓼25克；本品为组方提取物。预防用量：本品1000克兑水8000千克。治疗用量：本品1000克兑水4000千克。可集中饮用，连用3~5天。

四、葡萄球菌病

葡萄球菌病是由金黄色葡萄球菌引起的人畜共患病。葡萄球菌包括表皮葡萄球菌、腐生葡萄球菌和金黄色葡萄球菌，呈圆形或卵圆形，无荚膜，革兰阳性菌，在培养基上生长良好，有些菌落周围出现溶血环。

【流行特点】 葡萄球菌存在于环境和鸡的体表，发病原因主要是各种原因造成的外伤，如刺种鸡痘、戴翅号、断喙、刮伤、扭伤、啄伤、脐带感染等。各个日龄的鸡均可感染，40~60日龄多发。饲养管理不良，如皮肤溃烂、腐蚀等都会促使该病的发生。

【临床症状】

（1）**急性败血型** 该型病鸡精神沉郁，不爱跑动，食欲下降或不食，体温升高、羽毛杂乱无光。胸腹部、大腿内侧皮下浮肿，呈紫红色或褐色，皮下组织出血。病鸡有的可见自然破溃，流出茶色、暗红色液体。

（2）**关节炎型** 该型病鸡关节肿胀，特别是趾关节，呈紫色或黑色，有的见破溃，结成乌黑色痂。病鸡跛行，日渐消瘦，衰弱而亡。

（3）**脐带炎型** 该型表现为鸡胚及新出壳的雏鸡脐孔闭合不全，葡萄球菌感染引发脐炎，脐部肿大呈黄、红、紫黑色，质地坚硬。

（4）**眼病型** 该型病鸡表现为上下眼睑肿胀，闭眼，有脓性分泌物，并有肉芽肿。病久者，眼球下陷，有的失明，有的见眶下窦肿胀。最后病鸡饥饿，被踩踏，衰竭死亡。

【病理变化】

（1）**急性败血型** 病死鸡的整个胸部、腹部、腿部皮下充血、溶血，呈弥漫性紫红色或黑红色，积有大量胶冻样粉红色、浅绿色或黄红色水肿液，水肿可延至两腿内侧、后腹部，前达嗉囊周围，但以胸部为多。同时，胸腹部甚至腿内侧有散在出血斑点或条纹。

（2）**关节炎型** 剖检该型病死鸡可见关节肿大，滑膜增厚，充血或出血，关节囊内有浆液，或有黄色脓性或浆液性纤维素渗出物。

（3）**脐炎型** 剖检该型病死鸡可见脐部肿大，呈紫红或紫黑色，有暗红色或黄红色液体，时间稍久则为脓样干涸坏死物。肝脏有出血点。卵黄吸收不良，呈黄红或黑灰色，液体状或内混絮状物。

（4）**眼病型** 剖检该型病死鸡可见与生前症状相对应的病变。

（5）**肺型** 剖检该型病死鸡可见肺部以瘀血、水肿和实变为特征，有时可见黑紫色坏疽样病变。

（6）**葡萄球菌死胚** 剖检该型病死鸡可见枕下部皮下水肿，胶冻样浸润，色泽不一，杏黄或黄红色，甚至呈粉红色；严重者头部及胸部皮下出血。

【鉴别诊断】

（1）**葡萄球菌病与维生素 K 缺乏症的鉴别** 二者相似之处是都会导致病鸡精神萎靡，腿部和胸部皮肤变成紫色。但维生素 K 缺乏症是由于日粮所含的维生素 K 过少而导致的，通常是 2~3 周龄的鸡易发，到 6 周龄时肿大会逐渐消失，鸡冠变得苍白，双翅皮下发生出血，腹部皮下出现水肿，用针刺可见蓝色的浓稠液体流出，如果有创伤或者擦伤等会导致持续出血，血液不易凝固。

（2）**葡萄球菌病与维生素 E-硒缺乏症的鉴别** 二者相似之处是都会导致病鸡关节肿大，出现跛行等症状。但维生素 E-硒缺乏症主要是由于日粮所含的维生素 E 和硒不足而导致的，通常 2~4 周龄的雏鸡易发，临床上往往会发现脑软化病，共济失调，双腿出现痉挛性抽搐。

（3）**葡萄球菌病与痛风的鉴别** 二者在临床上出现的症状比较类似，如都能够诱使机体关节肿大，并出现跛行等症状。但痛风是一种营养代谢病，通常是由于采食过多含有丰富嘌呤碱和核蛋白的蛋白质饲料而导致的，将关节腔打开后，能够看到关节面及周围组织附近都沉积有白色尿酸盐，且胸腹膜和内脏表面也沉积有石灰样的尿酸盐结晶。

（4）**葡萄球菌病与鸡病毒性关节炎的鉴别** 二者所表现出的临床症

状具有类似之处，都会导致机体关节发生肿胀，并出现跛行等症状。但鸡病毒性关节炎病是一种传染性疾病，是由于感染呼肠孤病毒而导致的，蛋鸡具有较低的发病率，通常肉鸡容易发病；有黄色的分泌物存在于病鸡关节腔内，病鸡腱鞘发生肿胀，少数病程持续时间较长的鸡只在症状严重时表现腓肠肌肌腱断裂。

（5）**葡萄球菌病与绿脓杆菌病的鉴别**　二者都具有传染性，导致机体腹部膨大，眼睛周围发生程度不同水肿，且都会出现关节炎等症状。但葡萄球菌病主要是由于感染葡萄球菌而引起的；绿脓杆菌病是由于感染绿脓杆菌而引起的，颈部、脐部皮下存在浅绿色或者浅黄色的胶冻样浸润。

（6）**葡萄球菌病与肉鸡腹水综合征的鉴别**　二者均可导致鸡群精神沉郁，皮肤发紫，羽毛松乱，呆立，行走困难，腹部下垂，触摸后均有波动感。但肉鸡腹水综合征主要是由于饲养环境卫生差，饲喂的饲料能量过高等因素引起的，多发生在肉鸡，典型症状为腹部膨大、下垂，皮肤变薄发亮，走动呈企鹅状，用注射器针头从腹部插入可抽出数量不等的清亮液体，检测无细菌。

【防治措施】

（1）**加强饲养管理和卫生管理**　科学饲养，做好消毒。

（2）**免疫接种**　可皮下注射、穿刺接种疫苗，但效果不好；对发病鸡用环丙沙星或恩诺沙星 0.01% 饮水，连用 4～5 天。头孢类药物对该病也有较好效果。

（3）**临床用药**

① 青霉素：注射用青霉素钠/钾按每千克体重 5 万单位 1 次肌内注射，每天 2～3 次，连用 2～3 天。

② 维吉尼亚霉素：50% 维吉尼亚霉素预混剂按每千克饲料 5～20 毫克混饲。蛋鸡产蛋期及超过 16 周龄的母鸡禁用。休药期为 1 天。

③ 阿莫西林：阿莫西林片按每千克体重 10～15 毫克 1 次内服，每天 2 次。

④ 头孢氨苄：头孢氨苄片按每千克体重 35～50 毫克 1 次内服，雏鸡 2～3 小时 1 次，成年鸡可 6 小时 1 次。

⑤ 林可霉素：30% 盐酸林可霉素注射液按每千克体重 30 毫克 1 次

肌内注射，每天 1 次，连用 3 天。盐酸林可霉素片按每千克体重 20 ~ 30 毫克 1 次内服，每天 2 次。11% 盐酸林可霉素预混剂按每千克饲料 22 ~ 44 毫克混饲 1 ~ 3 周。40% 盐酸林可霉素可溶性粉按每升饮水 200 ~ 300 毫克混饮 3 ~ 5 天。以上均以林可霉素计。蛋鸡产蛋期禁用。

⑥ 黄芩、黄连叶、焦大黄、黄柏、板蓝根、茜草、大蓟、车前子、神曲、甘草各等份加水煎汤，取汁拌料，按每只每天 2 克生药计算，每天 1 剂，连用 3 天。

⑦ 鱼腥草、麦芽各 90 克，连翘、白及、地榆、茜草各 45 克，大黄、当归各 40 克，黄柏 50 克，知母 30 克，菊花 80 克，粉碎混匀，按每只鸡每天 3.5 克拌料，4 天为 1 个疗程。

五、鸡结核病

鸡结核病是由鸡结核分枝杆菌引起的慢性接触性传染病，症状为在多器官形成肉芽肿和干酪样、钙化结节。鸡群被感染则该病长期存在，难以治愈、消灭、控制，给养鸡业造成严重损失。

【流行特点】　所有禽类都可感染，鸡最易感。鸡结核病病程发展缓慢，早期无明显症状，老龄鸡中感染、发病率高。经病鸡粪便和呼吸道排出的结核分枝杆菌是该病最主要传播来源。传播途径主要是消化道和呼吸道，还可经皮肤伤口传染。

【临床症状】　病鸡表现为精神沉郁，羽毛粗乱无光，进行性消瘦，肌肉萎缩；鸡冠、肉髯和耳垂苍白贫血；病原侵染消化道时表现下痢腹泻、时好时坏；病原侵害骨髓时，病鸡表现跛行、跳跃式行进、瘫痪等；病原侵害脑，表现为兴奋或抑制等神经症状。

【病理变化】　剖检可见在肝脏、脾脏、肺、肠、骨髓等器官上形成不规则的浅灰黄色或灰白色、大小不一的结核结节。

【防治措施】　淘汰感染鸡群，引进无鸡结核病的鸡群，检测小母鸡，净化新鸡群，禁止使用被鸡结核分枝杆菌污染的饲料，采取严格的管理和消毒措施，限制鸡群运动范围，防止外来感染源的侵入。

六、坏死性肠炎

坏死性肠炎是由 A 型或 C 型产气荚膜梭菌引起的鸡和火鸡肠黏膜坏死的一种散发性疾病。A 型或 C 型产气荚膜梭菌又称魏氏梭菌，为革兰阳性菌，在机体内形成荚膜，没有鞭毛，不能运动。

【流行特点】　该病主要感染 2~6 周龄的鸡，2~5 周龄的地面平养肉鸡多发，3~6 周龄蛋鸡也可发病，多为散发。带菌鸡、病鸡为主要传染源，被污染的饲料、饮水、垫料及粪便、土壤、灰尘等都是该病传播的媒介。该病主要经过消化道感染。球虫感染和肠黏膜损伤可促使该病的发生。

【临床症状】　病鸡表现为精神委顿，食欲下降，不愿活动，腹泻下痢等，临床过程短，常表现急性死亡，严重者无临床症状就已死亡，一般不发生慢性经过。

【病理变化】　病变部位主要为小肠后段、空肠、回肠部分，肠壁变薄，肠体扩张，肠壁弹性降低（彩图 25），充满气体，肠黏膜上附有疏松或致密的黄色、绿色伪膜，有时可见肠壁出血，病变呈弥漫性。

【鉴别诊断】

（1）坏死性肠炎与溃疡性肠炎的鉴别　二者均出现腹泻症状。但溃疡性肠炎的病原菌是肠道梭菌，其病变表现在肝脏肿大，表面有大小不等的黄色或灰白色坏死灶，脾脏肿大，有瘀血，特征性肉眼病变为小肠和盲肠的多发性坏死，肠黏膜无出血现象。而坏死性肠炎病变局限在空肠和回肠，肝脏和盲肠很少有病变。

（2）坏死性肠炎与鸡球虫病的鉴别　二者均出现腹泻症状。但鸡球虫病的病变主要集中在小肠中段，肠壁增厚，剪开后肠段出现自动外翻现象，肠黏膜严重出血，通过粪便可检查到球虫。由于坏死性肠炎常在鸡球虫病发生过程中发生，或在鸡球虫病发生后出现，因此，也要与单纯的鸡球虫病相区别。

（3）坏死性肠炎与大肠杆菌病的鉴别　二者均出现腹泻等症状。但大肠杆菌病是由致病性大肠杆菌引起的一种细菌性传染病。该菌是革兰阴性菌，无芽孢，为需氧及兼性厌氧菌，临床上血清型比较多，临床表现比较复杂，病变主要为导致鸡心包增厚，外有黄白色纤维素性渗出物，并且在肠系膜上形成肉芽肿，当产蛋期鸡患大肠杆菌病时，腹腔上有黄褐色纤维素性渗出物，肠粘连在一起，卵黄容易破裂，且恶臭。

（4）坏死性肠炎与新城疫的鉴别　二者均在肠道出现出血斑点。但新城疫在肠道上的病变基本上是在固定的 4 个位置，其分布是典型新城疫的肠道病变在十二指肠降部 1/2 处、卵黄蒂下 2~5 厘米处、盲肠端相对应的回肠有溃疡灶，严重者直肠黏膜有散在的针头样出血点或溃疡灶；非典型新城疫的病变是在肠道的上述的前3个部位呈现隆起出血，直肠有点状或条状出血。

（5）坏死性肠炎与禽流感的鉴别　二者均在肠道出现出血斑点。但禽流感的典型病变为腺胃乳头有刮不完的灰白色分泌物，乳头基部出血、胰腺充血出血、卵巢卵泡充血出血、脚部鳞片下充血出血。常并发大肠杆菌、支原体、产气荚膜梭菌混合感染，故偶见禽流感的病例中肠壁呈现大量不规则的火柴头大小的出血斑点的病变，但这不是禽流感特征性病变。需要注意的是，在以产气荚膜梭菌感染为主的病变中，胰腺的颜色为正常的乳白色，故肠壁发生火柴头大小的出血斑不属于禽流感病变。

【防治措施】

（1）加强饲养管理　合理保存饲料，避免细菌污染。

（2）临床用药

①青霉素：雏鸡按每只每次2000国际单位，成年鸡每只每次2万～3万国际单位，混料或饮水，每天2次，连用3～5天。

②杆菌肽：雏鸡按每只每次0.6～0.7毫克，育成鸡按每只每次3.6～7.2毫克，成年鸡按每只每次7.2毫克，拌料，每天2～3次，连用5天（欧盟已禁止用于促生长）。

③红霉素：按每天每千克体重5毫克，分2次内服；或拌料，每千克饲料加0.2～0.3克，连用5天。

④林可霉素（洁霉素）：按每千克体重15～30毫克拌料，每天1次，连用3～5天；或每升水300毫克混饮。

⑤乙酰甲喹（痢菌净）：按0.03%的比例饮水，每天2次，每次2～3小时，连用3～5天。

七、溃疡性肠炎

溃疡性肠炎由鹌鹑梭状芽孢杆菌引起，是可造成鹌鹑、雏鸡、小火鸡等禽类突然发病并迅速大量死亡的一种急性细菌性传染病。

【流行特点】　大部分禽类都易感，常侵害幼龄禽类，鹌鹑最易感。该病常侵害4～19周龄鸡，常与鸡球虫病并发，或继发于鸡球虫病、传染性法氏囊病及应激因素之后。该病主要通过粪便经消化道传播，耐过鸡或带菌鸡是主要传染源。慢性带菌者是造成该病持续发生的重要原因之一，昆虫也可机械性散播该病。

【临床症状】 急性病例一般无明显症状，病程稍长者可见精神委顿，羽毛逆立，粪便稀薄呈白色，病程持续1周以上者可见肌肉萎缩无力，消瘦。

【病理变化】 急性死亡病例的特征性病变为十二指肠有出血性肠炎，肠壁有小出血点。病程稍长者在小肠、盲肠可见坏死灶及溃疡灶。深层溃疡常引起肠穿孔，诱发腹膜炎及肠粘连。肝脏肿大呈浅黄色，有散在的大小不一的黄白色坏死点，边缘或中心常有大片黄白色坏死区。脾脏充血、出血、肿大，呈紫黑色，表面有出血斑。

【鉴别诊断】

（1）溃疡性肠炎与坏死性肠炎的鉴别 坏死性肠炎是由A型或C型厌氧性产气荚膜梭菌（魏氏梭菌）引起鸡的传染性疾病，病变主要集中在小肠，打开腹腔后有腐臭味，肝脏和脾脏没有明显病变。而溃疡性肠炎则是由梭状芽孢杆菌引起，其病变主要集中在肝脏、脾脏及肠道上，肝脏肿大，表面有大小不等的黄色或灰白色的坏死灶，脾脏肿大且瘀血，打开腹腔也闻不到腐臭味。

（2）溃疡性肠炎与鸡球虫病的鉴别 鸡球虫病是由球虫引起的寄生虫病，主要寄生在鸡的盲肠上，鸡球虫病以排血色稀粪或带有黏液的粪便为主要症状，剖检可见肝脏无病变，盲肠肿大呈棕红色，肠壁增厚发炎，内容物为血液或血凝块样的干酪样物质，粪便涂片后，可见到球虫卵。

（3）溃疡性肠炎与组织滴虫病的鉴别 组织滴虫病是由组织滴虫引起的寄生虫病，剖检可见肝脏表面形成边缘隆起的圆形溃疡灶，溃疡处呈浅黄色或浅绿色，盲肠肿大且有干酪样栓子，栓子断面外层为浅黄色，里面呈黑紫色，取新鲜盲肠内容物，用40℃生理盐水稀释后涂片，可见活动的虫体。

（4）溃疡性肠炎与鸡白痢的鉴别 鸡白痢是由沙门菌引起的传染病，主要侵害2周龄内的雏鸡，剖检可见肝脏肿大，有出血条纹或针尖大小的灰白色坏死点；其他器官也有充血；肾脏肿大瘀血；输尿管有尿酸盐沉积；盲肠扩张，内有浅黄色的干酪样物。

【防治措施】

1）做好日常卫生消毒工作，及时隔离带菌排菌动物，减少应激。

2）应用链霉素、杆菌肽、阿米卡星（丁胺卡那霉素）进行治疗，有一定的预防和治疗效果。

3）喹诺酮类药物对该病有较好的治疗效果，可用 0.01% 的环丙沙星饮水，连用 4~5 天。

八、传染性鼻炎

传染性鼻炎是由副鸡嗜血杆菌引起的以鼻黏膜发炎、流鼻涕、眼睑水肿和打喷嚏为主要特征的急性或亚急性传染病。该病多发于育成鸡和产蛋鸡，使产蛋鸡产蛋量下降，育成鸡生长停滞，经济损失巨大。副鸡嗜血杆菌为革兰阴性菌，对外界环境抵抗力弱，对热、阳光、干燥、消毒剂十分敏感。

【流行特点】　该病可发生于各年龄阶段的鸡，但 4 周龄~12 月龄的鸡最易感，笼养鸡表现为在鸡舍角落的鸡最先发病；发病无明显季节性，但以 5~7 月、11 月至第二年 1 月多发，此时发病与饲养管理放松、鸡群抵抗力下降等诱因有关；病鸡和隐性带菌鸡是主要传染源，它们排出的病原菌通过饮水、饲料、空气、土壤等传播。

【临床症状】　病鸡体温升高，饮食下降，特征性症状为病鸡流浆液性、黏液性的鼻液，脸部浮肿型肿胀。结膜炎，流泪。病初，流稀薄水样鼻液和眼泪，并伴随脸部肿胀；症状出现约 3 天后，鼻液变黏变稠，常在鼻孔处形成结痂而堵塞鼻孔，或腭裂有黄色干酪样渗出物，病鸡气管内有分泌物，呼吸时发出"呼噜"音。病鸡腹泻，排绿色粪便，公鸡肉髯肿大，育成鸡下颊或咽部浮肿，母鸡产蛋量减少或停产。

【病理变化】　剖检可见病鸡鼻、窦、咽、气管呈急性卡他性炎，充血肿胀，表面附有大量黏液，结膜充血肿胀，卡他性炎；眶下窦内积有渗出物凝块，下颌部皮下组织呈浆液性浸润，偶见肺炎和气囊炎。产蛋鸡输卵管内有黄色干酪样物质，卵泡松软、血肿、坏死或萎缩、腹膜炎，公鸡睾丸萎缩。

【鉴别诊断】

（1）传染性鼻炎与慢性呼吸道病的鉴别　二者都具有传染性，症状表现为咳嗽、流鼻液、流泪，雏鸡生长发育不良，成年产蛋鸡产蛋量下降，鼻腔和眶下窦内有分泌物。但慢性呼吸道病病原为鸡毒支原体，不同日龄的鸡均可感染，主要发生于 1～2 月龄的雏鸡，呈慢性经过，可长达 1 个月以上；该病不仅可水平传播，也可经种蛋垂直传播，主要发生于寒冷的冬季，可引起鸡站立不稳、关节炎，呼吸时有湿啰音，剖检可见气囊浑浊，常有黄色、灰白色干酪样渗出物，还可见纤维素性肝被膜炎和心包炎。

（2）传染性鼻炎与鸡传染性喉气管炎的鉴别　二者都具有传染性，症状表现为流鼻液，流眼泪，眼结膜炎，呼吸困难、咳嗽，主要发生于成年鸡。但鸡传染性喉气管炎的病原为传染性喉气管炎病毒，病鸡不仅咳嗽，而且呼吸时发出湿啰音，每次吸气时，头和颈部向前向上，张口吸气，发出喘鸣音，严重时咳出带血的黏液，污染垫草、鸡笼、羽毛及墙壁等，同时还排出绿色稀粪；剖检可见喉气管有出血和坏死，有黄白色干酪样纤维素性伪膜。

（3）传染性鼻炎与鸡传染性支气管炎的鉴别　二者都具有传染性，病鸡表现精神萎靡，采食量下降，呼吸困难，流泪，打喷嚏，流鼻液，甩头，卵泡充血、出血，产蛋量下降。但鸡传染性支气管炎的病原为鸡传染性气管炎病毒，多发生于 40 日龄以下的雏鸡，主要表现为咳嗽，气管发生啰音；产蛋鸡感染后，产软壳蛋、畸形蛋或蛋壳粗糙，并且蛋品质也发生变化，蛋清稀薄如水样，蛋清和蛋黄分离，蛋清粘连在蛋壳膜上。

（4）传染性鼻炎与鸡肿头综合征的鉴别　二者都具有传染性，感染后病鸡出现流泪，打喷嚏，流鼻液，甩头，脸肿胀，肉髯和下颌部水肿，眼结膜充血，产蛋量下降等症状。但鸡肿头综合征的病原为鸡肺炎病毒，发病 12 小时后，病鸡用爪抓面部，出现神经症状，斜头，角弓反张，呈仰头"观星"姿势；剖检可见头部皮下组织出现黄色水肿和化脓，鼻甲骨黏膜轻微充血；用病料接种健康鸡，可发生同样头肿症状及病理变化。

（5）传染性鼻炎与鸡克雷伯氏杆菌病的鉴别　二者都具有传染性，病鸡表现低头缩颈，眼睑肿胀，流泪，结膜炎，眶下窦肿胀，流出浆液性或黏液性分泌物。但鸡克雷伯氏杆菌病的病原为克雷伯氏杆菌，病鸡不流浆液性鼻液，没有打喷嚏、甩头等动作，上下眼睑内侧充血、出血，眼球肿胀，角膜易碎；病料涂片、染色、镜检，可见革兰阴性菌，常呈两极着色，粗短，无鞭毛，有肥厚的大荚膜，单个或成对存在。

【防治措施】

（1）加强饲养管理　消除发病诱因，降低饲养密度，及时通风，多喂富含维生素的饲料，以提高鸡体自身免疫力。杜绝引入病鸡和带菌鸡，远离老鸡群进行隔离饲养。

（2）免疫预防　使用传染性鼻炎二价或三价油乳剂灭活疫苗，于20～30日龄首免，110～120日龄进行第二次免疫，必要时过3～4个月再进行1次接种。

（3）药物治疗　可用抗生素类药物、磺胺类药物、合成抗菌药进行治疗。磺胺间二甲氧嘧啶，以0.05%的比例溶于加入碳酸氢钠的饮水中，连用4～5天；0.01%的强力霉素或环丙沙星饮水，连用4～5天。

九、慢性呼吸道病

慢性呼吸道病又称鸡败血霉形体病、鸡毒支原体感染、鸡败血支原体感染等，是一种由支原体引发的接触性慢性呼吸道疾病，该病特征为上呼吸道及其临近窦黏膜的炎症。表现为咳嗽、气喘、流鼻涕、呼吸道杂音，病程发展较为缓慢。

【流行特点】　鸡和火鸡最易感，尤其是4～8周龄的雏鸡和火鸡易感，该病一年四季均可发生，但寒冷冬季发病更为严重。病鸡和隐性带菌鸡为主要传染源，病原体可通过尘埃、飞沫经呼吸道传播，也可垂直传播。

【临床症状】　病鸡饮食减少，精神不振，生长停滞。鼻孔中流出浆液性或黏液性鼻液，甩鼻。咳嗽，气喘，呼吸道内有啰音，继发鼻炎、眶下窦炎和结膜炎，引起面部肿胀、流泪、眼睑红肿、眼球凸出，造成一侧或两侧眼球受压迫，萎缩失明。

【病理变化】　病鸡鼻腔、气管、支气管内有大量分泌物，气管黏膜增厚潮红，气囊轻度浑浊、水肿、不透明，可见结节性病灶，后期可见气囊内有干酪样物质，气囊粘连。有时可见到肺炎病变，结膜炎病例可见结膜红肿，眼球萎缩或破坏，结膜中可挤出黄色干酪样物质，严重病例伴有心包炎、肝周炎。

【鉴别诊断】

（1）慢性呼吸道病与传染性鼻炎的鉴别　二者在发病日龄和临床症

状（如面部发生肿胀、流泪、流鼻涕等）方面类似。但传染性鼻炎一般不会出现明显的气囊病变，也不会发出呼吸啰音，且成年鸡的易感性要高于雏鸡。另外，二者往往会发生混合感染。

（2）慢性呼吸道病与鸡传染性支气管炎的鉴别 鸡传染性支气管炎是一种病毒性疾病，鸡群一般发病较急，输卵管发生特征性病变，往往还会伴有肾脏病变，成年鸡患病后会导致产蛋量明显降低，且容易产出畸形蛋，使用各种抗菌药物治疗都没有疗效。另外，该病与慢性呼吸道病彼此诱发，引起混合感染。

（3）慢性呼吸道病与鸡传染性喉气管炎的鉴别 慢性呼吸道病多发于雏鸡，病程较长，死亡率较低，为 10% ~ 30%，特征为呼吸啰音、咳嗽、鼻流清液，呼吸系统基本不发生出血。鸡传染性喉气管炎是一种病毒性疾病，通常是成年鸡发病，表现出全群精神萎靡，有些还会具有张口呼吸、闭目伸颈的症状，频繁甩头，并咳出混杂血液的黏液，快速死亡，但只有呼吸系统发生出血，其他内脏器官没有病变；使用各种抗菌药物都没有直接治疗效果。

（4）慢性呼吸道病与新城疫的鉴别 新城疫是一种病毒性疾病，主要特征是全群呈急性发病，表现出明显的症状（注意非典型新城疫也表现出明显的症状），尽管呼吸道发生的病变与慢性呼吸道病类似，但通常是消化道发生严重出血，并会出现神经症状，由此二者非常容易进行区别。

【防治措施】

（1）加强饲养管理 定期消毒，坚持"全进全出"制，消灭传染源，切断传播途径。

（2）临床用药

① 泰乐菌素：5% 或 10% 泰乐菌素注射液或注射用酒石酸泰乐菌素，按每千克体重 5 ~ 13 毫克 1 次肌内或皮下注射，每天 2 次，连用 5 天。8.8% 磷酸泰乐菌素预混剂，按每千克饲料 300 ~ 600 毫克混饲。酒石酸泰乐菌素可溶性粉，按每升饮水 500 毫克混饮 3 ~ 5 天。产蛋鸡禁用，休药期为 1 天。

② 泰妙菌素：45% 延胡索酸泰妙菌素可溶性粉，按每升饮水 125 ~ 250 毫克混饮 3 ~ 5 天，以泰妙菌素计。休药期为 2 天。

③ 红霉素：注射用乳糖酸红霉素，育成鸡按每千克体重 10 ~ 40 毫克 1 次肌内注射，每天 2 次。5% 硫氰酸红霉素可溶性粉，按每升饮水 125 毫克混饮 3 ~ 5 天。产蛋鸡禁用。

④ 吉他霉素：吉他霉素片，按每千克体重 20 ~ 50 毫克 1 次内服，每天 2 次，连用 3 ~ 5 天。50% 酒石酸吉他霉素可溶性粉，按每升饮水 250 ~ 500 毫克混饮 3 ~ 5 天。产蛋鸡禁用，休药期为 7 天。

⑤ 使用恩诺沙星、环丙沙星，按 0.01% 的比例饮水，效果良好；泰乐菌素，按照每千克水中加入本品 500 毫克饮水，连用 5 天；替米考星，按每千克水中加入 100 毫克本品饮水，连用 4 ~ 5 天。

⑥ 德信舒传停：麻黄 50 克，黄芩 50 克，鱼腥草 100 克，穿心莲 50 克，板蓝根 50 克，大青叶 50 克。预防用量为：本品 1000 克拌料 200 千克。治疗用量为：本品 1000 克拌料 100 千克或水煎过滤液兑水饮，用药渣拌料，连用 3 ~ 5 天。

注意 鸡采食量少时，用饮水效果较好。咳喘较重时，麻黄可加到 100 克。

十、鸡曲霉菌病

鸡曲霉菌病是多种禽类和哺乳动物易感的一种真菌性疾病，特征是呼吸道发生炎症和形成小结节。该病主要发生于雏鸡，呈急性群发性暴发，发病率和死亡率都高。

【流行特点】 曲霉菌及它们所产生的孢子在自然界中分布广泛，鸡常通过接触发霉的饲料、垫料、用具而感染。各年龄阶段的鸡都有易感性，以幼雏的易感性最高，常为群发性和呈急性经过，成年鸡仅为散发。出壳后的幼雏进入被霉菌严重污染的育雏室或装入被污染的笼具，48 ~ 72 小时后即可开始发病和死亡。4 ~ 12 日龄是该病流行的高峰，之后逐渐减少，至 3 ~ 4 周龄时基本停止死亡。被污染的垫料、木屑、土壤、空气、饲料是引起该病流行的传染媒介，雏鸡通过呼吸道和消化道而感染发病，也可通过外伤感染而引起全身曲霉菌病。育雏阶段的饲养管理及卫生条件不良是引起该病暴发的主要诱因。育雏室内昼夜温差大、通风换气不良、饲养密度过大、阴暗潮湿及营养不良等因素，都能促使该病的发生和流行。另外，孵化器污染严重时，在孵化时毒菌可穿过蛋壳而使胚胎感染，刚孵出的幼雏不久便可出现症状。

【临床症状】 雏鸡开始发病时表现减食或不食，不愿走动，翅膀下垂，羽毛松乱，嗜睡，对外界反应淡漠。接着出现呼吸困难、气喘、呼吸次数增加等症状，但与其他呼吸道疾病不同，一般不发出明显的咯咯声，病鸡头颈伸直，张口呼吸，眼、鼻流液，食欲减退，饮欲增加，迅速消瘦，体温下降，后期腹泻，若口腔、食道黏膜受侵害，会出现吞咽困难。病程一般在1周左右，发病后如不及时采取措施，死亡率可达50%以上。有些雏鸡可发生曲霉菌性眼炎，通常是一侧眼的瞬膜下形成一黄色干酪样小球，致使眼睑鼓起，有些鸡还可在角膜中央形成溃疡。有的鸡还会发生脑炎型或脑膜炎型曲霉菌病，病雏表现斜颈、共济失调。

【病理变化】 该病的肺部病变最为常见，肺、气囊和胸腔浆膜上有针头大小至米粒或绿豆粒大小的结节。结节呈灰白色、黄白色或浅黄色，圆盘状，中间稍凹陷，切开时内容物呈干酪样，有的互相融合成大的团块。肺上有多个结节时，可使肺组织质地坚硬、弹性消失。严重者，在病雏的肺、气囊或腹腔浆膜上有肉眼可见的成团的霉菌斑或近似于圆形的结节。病鸡的鸣管中可能有干酪样渗出物和菌丝体，有时还有黏液脓性到胶冻样渗出物。脑炎型曲霉菌病的病变表现为在脑的表面有界限清楚的白色到黄色区域。皮肤感染时，感染部位的皮肤有黄色鳞状斑点，感染部位的羽毛干燥、易折。

【鉴别诊断】 该病出现的张口呼吸、呼吸困难等症状与鸡传染性支气管炎、新城疫、大肠杆菌病、慢性呼吸道病等出现的症状类似，与引起呼吸困难的疾病应注意区别。

【防治措施】

（1）**加强饲养管理** 搞好鸡舍卫生，注意通风，保持鸡舍干燥，不喂霉变饲料，降低饲养密度，防止过分拥挤，是预防鸡曲霉菌病发生的最基本措施之一。在饲料中添加防霉剂，最常用的霉菌抑制剂包括多种有机酸，如丙酸、山梨酸、苯甲酸、甲酸等。

（2）**处理发霉饲料，更换霉变垫料** 要及时发现鸡舍垫料霉变，彻底更换垫料，并进行鸡舍消毒，可用福尔马林（甲醛溶液）熏蒸消毒或0.4%过氧乙酸或5%苯酚（石炭酸）喷雾后密闭数小时，通风后使用。

停止饲喂霉变饲料，霉变严重的要废弃，并进行焚烧。

十一、念珠菌病

念珠菌病是由白色念珠菌引起的消化道真菌病。该病的特征是在消化道黏膜上形成乳白色斑片并导致黏膜发炎。

【流行特点】　白色念珠菌是念珠菌属中的致病菌，通常寄生于鸡的呼吸道及消化道黏膜上，健康鸡的带菌率可达61%。当机体营养不良，抵抗力降低，饲料配合不当及持续应用抗生素、免疫抑制剂，使体内常居微生物之间的拮抗作用失去平衡时，容易引发该病。该病主要见于幼龄的鸡、火鸡和鹅。雏鸡对该病的易感性比成年鸡高，且发病率和死亡率也高，随着感染日龄的增长，它们往往能耐过。病鸡的粪便含有大量病菌，这些病菌污染环境后，通过消化道传染，黏膜的损伤有利于病原体的侵入。饲养管理不当，卫生条件不良，以及其他疫病都可以促使该病的发生。该病也能通过蛋壳传染。

【临床症状】　病鸡患病时无明显症状，病鸡多表现为生长受阻，发育不良，精神沉郁，进食减少等，一旦全身感染，食欲废绝后约2天死亡。

【病理变化】　剖检可见嗉囊的病变最为明显而常见。急性病例，黏膜表面有白色、圆形、隆起的溃疡（彩图26），形似撒上少量凝固的牛奶。慢性病例，嗉囊壁增厚，黏膜面覆盖厚厚一层皱纹状黄白色坏死物，形如毛巾的皱纹。此种病变除见于嗉囊外，有时也见于口腔、下部食道和腺胃黏膜。

【鉴别诊断】　念珠菌病的发生较为普遍，但在剖检过程中，多数兽医临床工作者往往忽视检查嗉囊这一器官而造成误诊或漏诊。传统文献没有说明或报道过念珠菌病有肾脏病变的出现，但在剖检病雏的过程中发现，95%以上的病鸡肾脏及输尿管均有明显的病变，该病变是原发性还是继发性有待进一步的探讨与研究。该病出现的肾脏病变和少数病死鸡的腺胃病变在临床诊断中常易被误诊为传染性腺胃炎、雏鸡病毒性肾炎、鸡肾型传染性支气管炎，以及霉菌毒素或药物引起的尿毒症等，必须仔细鉴别。此外，该病的发生能抑制各种疫苗产生的抗体，影响多种治疗药物产生疗效，导致目前所发现的呼吸道病、腹泻病难以治疗，或者从临床上看症状类似禽流感、新城疫、传染性法氏囊病，但治疗及用

第五章

药都不能达到理想的情况。

【防治措施】

（1）**加强饲养管理** 改善卫生条件。该病与卫生条件有密切关系，因此，要改善饲养管理及卫生条件，舍内应干燥通风，防止拥挤、潮湿。

（2）**临床用药** 可用1:2000硫酸铜饮水。对个别严重者，可将口腔伪膜刮去，涂碘甘油，嗉囊中可以灌入数毫升2%硼酸水。

第五章

第六章 鸡寄生虫病的诊治

一、鸡球虫病

鸡球虫病是由一种或几种球虫寄生在鸡的肠黏膜上皮细胞内并繁殖，引起肠道损伤、出血的一种急性流行性原虫病。该病分布十分广泛，危害十分严重。

【流行特点】 球虫属于原生动物门孢子虫纲球虫目艾美耳科艾美耳属。目前有9种被世界公认的球虫，即柔嫩艾美耳球虫、毒害艾美耳球虫、堆形艾美耳球虫、布氏艾美耳球虫、巨型艾美耳球虫、变位艾美耳球虫、缓艾美耳球虫、早熟艾美耳球虫和哈氏艾美耳球虫。柔嫩艾美耳球虫和毒害艾美耳球虫致病性最强，分别寄生于盲肠和小肠，其余球虫致病力较弱，都寄生于小肠。

1）各个品种、各个日龄的鸡都能感染，3月龄以下的鸡尤其容易感染，15～30日龄的鸡最易感且死亡率较高。成年鸡对球虫有一定的免疫力，再次感染时不表现临床症状，成为带虫者和传染源。球虫卵囊对外界抵抗力较强，一般消毒剂不能杀死，但寒冷、日光照射和持续干燥的环境可抑制或杀灭球虫卵囊，26～32℃的潮湿环境有利于球虫卵囊的发育。

2）鸡球虫病一年四季内均可发生，夏季、多雨季节多发，4～9月流行，7～8月最严重。

3）感染性虫卵可经鸡啄食被污染的土壤、饲料或饮水进入体内，通过消化道感染。此外，其他禽类、家畜和某些昆虫或饲养管理人员都可能成为鸡球虫病的传播者。

4）鸡球虫病的发生与饲养管理有很大关系，饲养管理不良，卫生状况不佳，粪便未及时处理等都可能引起该病的发生。此外，某些细菌、病毒、寄生虫的感染或饲料中缺乏维生素都可促使该病的发生发展。

【临床症状】 病鸡精神委顿，羽毛逆立，采食减少。小肠感染球虫的病鸡排橘红色、西红柿样、鱼肠子样粪便。鸡感染柔嫩艾美耳球虫时，排出几乎为鲜血的稀薄粪便。

【病理变化】

1）柔嫩艾美耳球虫主要侵害盲肠部分，病鸡一侧或两侧的盲肠肿大为正常的 3~5 倍，盲肠内充满新鲜或暗红色的血液或血凝块，盲肠上皮变厚，有严重的糜烂甚至坏死脱落，与盲肠内容物、血凝块等一起形成栓塞。

2）毒害艾美耳球虫主要损害小肠中段，使肠壁增厚，肠黏膜上有明显灰白斑点状坏死灶和小出血点，有橘红色内容物。

3）鸡感染堆形艾美耳球虫时，被损害肠段（十二指肠和小肠前段）出现大量白色斑点，排列成横行"梯田状"。

4）多种球虫混合感染时，肠壁增厚，肠内充满胶冻状肠黏膜及血液，整个肠道严重出血。

【鉴别诊断】

(1) 鸡球虫病与组织滴虫病的鉴别　二者都有传染性，病鸡精神委顿，食欲不振，羽毛松乱，翅膀下垂，闭目畏寒，下痢，排含血或全血粪便，消瘦；剖检可见盲肠扩大，壁增厚，内容物混有血液、干酪样物。但组织滴虫病病原为组织滴虫，鸡冠发绀（又称黑头病）；剖检可见盲肠有溃疡甚至穿孔，充满浆液性、出血性渗出物，且渗出物干酪化形成干酪样盲肠肠芯；肝脏呈紫褐色，表面有局限性的圆形、豆大至指头大的病灶，周边稍隆起；盲肠内容物加生理盐水成为悬液，镜检可见组织滴虫。

(2) 鸡球虫病与鸡传染性贫血病的鉴别　二者都有传染性，病鸡精神委顿，羽毛松乱，冠髯苍白，拉稀，消瘦，红细胞减少。但鸡传染性贫血病的病原为传染性贫血病病毒，病鸡喙、皮肤、黏膜也表现为贫血；剖检可见肌肉、内脏器官苍白，肝脏、肾脏肿大褪色或呈黄色，骨髓萎缩，胸腺及全身淋巴组织萎缩；用 10 倍稀释后的病料经腹腔或肌肉接种于 1 日龄的无特定病原体（SPF）鸡，每只接种 1 毫升，可观察到其典型症状和病理变化。

（3）**鸡球虫病与鸡的禽腺病毒感染的鉴别**　二者都有传染性，病鸡羽毛松乱，冠髯苍白，生长不良。但禽腺病毒感染病原为禽腺病毒Ⅰ群；剖检可见脾脏色浅质脆，肝细胞中有嗜酸性或嗜碱性核内包涵体；肝脏和肌肉有出血斑点，肺充血，气囊呈云雾状浑浊；用荧光抗体染色镜检可以证实为该病。

（4）**鸡球虫病与鸡结核病的鉴别**　二者都有传染性，病鸡精神委顿，食欲不振，羽毛松乱，冠髯苍白，贫血，消瘦。但鸡结核病病原为结核分枝杆菌，病鸡冠髯萎缩变薄，偶尔呈浅蓝色或褪色、黄疸，顽固性腹泻；剖检可见肝脏肿大、呈灰黄或黄褐色，有豆粒至鸽卵大小的结节；脾脏肿大2~3倍，也有蚕豆大小的灰色结节；肠系膜、卵巢、腹壁也有结节；用鸡结核菌素于肉髯皮下接种呈阳性反应。

（5）**鸡球虫病与节片戴文绦虫病的鉴别**　二者都有传染性，病鸡精神委顿，下痢且粪中有血色，消瘦，贫血。但节片戴文绦虫病病原为绦虫，粪中可检到孕卵节片，剖检可在小肠见到虫体。

【防治措施】

（1）加强饲养管理

1）加强消毒工作。采取针对鸡球虫病的消毒措施，每天打扫鸡舍，及时通风，及时更换垫料，保持鸡舍清洁干燥；对鸡舍内所有用具用2%~3%的热碱水洗刷消毒，对周围环境、墙壁、地面等用含氯石灰混悬液进行彻底消毒。

2）科学养殖，科学处理粪便。最好采取网上平养的饲养方式，并及时清理粪便，使鸡群几乎没有机会接触粪便，从而大大降低该病的发生。

（2）免疫预防　目前研制的球虫疫苗有强毒苗、弱毒苗和球虫基因工程苗。

（3）药物治疗

1）磺胺类药物。

①磺胺二甲基嘧啶：按0.1%的浓度饮水，连用3天；间隔2天，再连用3天，休药期为10天。

②磺胺二甲氧嘧啶：按0.05%的比例混入饮水，连用6天，休药期为5天。

③ 磺胺喹噁啉：按 0.1% 的比例混料，喂 3 天，停 2 天，再喂 3 天。

2）抗生素类药物。

① 莫能菌素：按 0.01% ~ 0.0121% 的比例混入饲料，休药期为 5 天。蛋鸡产蛋期禁用。

② 马杜霉素：按 0.0005% ~ 0.0006% 的比例混入饲料，休药期为 5 ~ 7 天。

③ 盐霉素：按 0.005% ~ 0.006% 的比例混入饲料，休药期为 5 天。

3）化学合成类药物。

① 氨丙啉：按 0.0125% 的比例混料，连用 1 ~ 2 周，药量减半后再用 2 ~ 4 周。

② 托曲珠利：2.5% 托曲珠利溶液，按 0.0025% 的比例混入饮水，连用 3 ~ 4 天。

4）中药方剂。如德信鸡球净：青蒿 300 克，仙鹤草 500 克，白头翁 300 克，马齿苋 100 克，狼毒草 20 克。预防用量为本品 1000 克拌料 200 千克。治疗用量为本品 1000 克拌料 100 千克，或水煎过滤液兑水饮，用药渣拌料，连用 3 ~ 5 天。

二、住白细胞原虫病

住白细胞原虫病又称白冠病，是由住白细胞原虫引起的一种寄生虫病，死亡率达 91%。受感染的鸡表现为鸡冠和肉髯苍白。住白细胞原虫的生长繁殖需要在鸡体血细胞、组织细胞和昆虫体内完成，所以该病的发生需要昆虫的参与。

【流行特点】 该病的发生与蠓和蚋的活动密切相关，蠓和蚋的繁殖与温度、湿度有直接关系，所以该病的发生有明显的季节性，南方多发于 4 ~ 10 月，北方多发于 7 ~ 9 月，秋末最为严重；雨水大的年份发病严重，靠近水源的地方发病较多；各年龄的鸡都能感染，鸡冠大的比鸡冠小的易发病，公鸡发病率比母鸡高，成年鸡比雏鸡易发病，雏鸡发病后的死亡率高于成年鸡。

【临床症状】 该病自然发生时一般有 6 ~ 12 天的潜伏期，病初病鸡体温升高，食欲下降甚至不食，精神不振，运动失调，行动困难，闭眼嗜睡，口有黏液，排白绿色稀粪，产蛋率下降，无壳蛋、软壳蛋增多；住白细胞原虫寄生于鸡血细胞内，破坏红细胞，病鸡鸡冠、肉髯苍白；

可见病鸡突然咯血，呼吸不畅而死亡。

【病理变化】 该病的特征性病变为口流鲜血或口腔内积存血液凝块，鸡冠苍白，血液稀薄。全身性出血，全身皮下出血，肌肉，尤其是胸肌、腿肌上有明显出血点，各器官呈广泛性出血，尤其可见肺出血水肿，肾脏表面覆盖一层凝血块，腺胃、肠道弥漫性出血等。胸肌、肠系膜、心脏、输卵管黏膜等多器官上有住白细胞原虫裂殖体聚集形成的针尖大小至粟粒大小的白色小结节。产蛋鸡卵泡变形、破裂，形成卵黄性腹膜炎。

【鉴别诊断】 该病与禽霍乱、传染性法氏囊病、鸡传染性贫血病、鸡包涵体肝炎等都有全身脏器的出血现象，但是出血的形态不同，应注意区别。

【防治措施】

(1) 预防 在媒介昆虫活动性强的季节，最大限度地防止鸡群与其接触，在蠓和蚋活动季节，每隔1周左右，在鸡舍及周围环境喷洒溴氰菊酯或氰戊菊酯等杀虫剂，降低昆虫侵袭的可能性。

(2) 临床用药

1）磺胺间甲氧嘧啶片按每千克体重首次量为 50～100 毫克 1 次内服，维持量为 25～50 毫克，每天 2 次，连用 3～5 天。按 0.05%～0.2% 的比例混饲 3～5 天，或按 0.025%～0.05% 的比例混饮 3～5 天。休药期为 28 天。

2）10%、20% 磺胺嘧啶钠注射液按每千克体重 10 毫克 1 次肌内注射，每天 2 次。磺胺嘧啶片按每只育成鸡 0.2～0.3 克 1 次内服，每天 2 次，连用 3～5 天。按 0.2% 的比例混饲 3 天，或按 0.1%～0.2% 的比例混饮 3 天。产蛋鸡禁用。

3）25% 氯羟吡啶预混剂，按每千克饲料 250 毫克本品混饲。

4）德信驱虫灵：鹤虱 30 克，使君子 30 克，槟榔 30 克，芜荑 30 克，雷丸 30 克，绵马贯众 60 克，干姜 15 克，乌梅 30 克，诃子 30 克，大黄 30 克，百部 30 克，木香 15 克，榧子 30 克。预防用量为本品 1000 克拌料 300 千克。治疗用量为本品 1000 克拌料 150 千克或水煎过滤液兑水饮，用药渣拌料，连用 3～5 天。

三、组织滴虫病

组织滴虫病是由组织滴虫引起的以侵害肝脏、盲肠为特征的寄生虫病，又称盲肠肝炎，特征性病变为肝脏坏死和盲肠溃疡。

【流行特点】 组织滴虫属鞭毛虫纲单鞭毛科，为大小不一的多形性虫体，近似圆形或变形虫样，伪足钝圆，只有滋养体，没有囊膜阶段，常有一根鞭毛做钟摆样运动，核呈泡囊状。

该病主要危害鸡和火鸡。组织滴虫病的发生具有季节性，多发于春夏季。该病主要通过鸡啄食被病鸡粪便污染的饲料、饮水、垫料等，经消化道感染。

【临床症状】 病鸡表现为精神萎靡，翅膀下垂，食欲不振，消瘦，鸡冠、嘴角、喙、皮肤发黄，肝脏的代谢机能降低，排出土黄色至深黄色稀便，有时带有血便。

【病理变化】 该病的特征性病变为两侧盲肠肿大，肠壁增厚变硬，形似香肠（彩图27），内充满黄白色干酪样渗出物，剖开可见凝固物呈同心圆层状结构。肝脏肿大，表面散在或密布有大小不一的圆形或不规则形，中央稍凹陷，边缘隆起，呈黄绿色或黄白色"火山口"样坏死灶（彩图28），小坏死灶可融合形成大片融合性坏死灶。

【鉴别诊断】

（1）组织滴虫病与大肠杆菌败血症的鉴别 二者均有精神不振，减食，畏寒，羽毛松乱，腹泻，粪呈浅黄色有时带血等临床症状。但二者的区别在于：组织滴虫病病原为组织滴虫，大肠杆菌病的病原为大肠杆菌。后者病鸡腹泻剧烈，口渴；剖检可见心包、表面、腹腔流满纤维素性渗出物；分离病原接种于伊红亚甲蓝琼脂培养基上，大多数菌落呈特征性黑色。

（2）组织滴虫病与鸡亚利桑那菌病的鉴别 二者均有精神沉郁，减食，羽毛松乱，翅膀下垂，下痢、粪呈黄绿色有时带血等临床症状；并均有腹膜炎（盲肠穿孔时），盲肠有干酪样肠芯等剖检病变。但二者的区别在于：鸡亚利桑那菌病的病原为亚利桑那菌；病鸡头低向一侧旋转呈"观星"姿势，步履失调，一侧或两侧结膜炎、角膜浑浊；剖检可见腹膜炎，肝脏肿大2~3倍，发炎，有浅黄斑点，胆囊肿大1~5倍；分离培养亚利桑那菌有其特征性的菌落。

（3）组织滴虫病与坏死性肠炎的鉴别 二者均有精神沉郁，减食或废食，羽毛粗乱，排含血粪便等临床症状。但二者的区别在于：坏死性肠炎的病原为魏氏梭菌；病鸡粪便有时发黑；剖开尸体即有腐臭味，小肠后段扩张 2~3 倍，表面有黄色或绿色伪膜，肠内容物呈液状、泡沫血样或黑绿色；其他内脏无特异变化；将肠黏膜刮取物或肝脏触片做革兰染色镜检，可见到革兰阳性、两极钝圆、着色均匀、有荚膜的大杆菌。

（4）**组织滴虫病与鸡球虫病的鉴别** 二者均有精神委顿，食欲不振，翅膀下垂，羽毛乱，闭目畏寒，下痢，排含血或全血稀粪，消瘦等临床症状；并均有盲肠扩大、壁增厚，内容物混有血液样、干酪样物等剖检病变。但二者的区别在于：鸡球虫病的病原为球虫，病鸡冠髯苍白；剖检可见盲肠内容物主要是凝血块、血液；小肠壁发炎、增厚，浆膜可见白色小斑点，黏膜发炎、肿胀，覆盖一层黏液分泌物且混有小血块；刮取黏膜镜检可观察到卵囊和大配子。

（5）**组织滴虫病与鸡六鞭原虫病的鉴别** 二者均有精神萎靡，翅膀下垂，畏寒，扎堆，下痢，粪便呈黄色等临床症状。但二者的区别在于：鸡六鞭原虫病的病原为六鞭原虫；病鸡粪水样多泡沫，病程晚期出现惊厥和昏迷；剖检可见肠卡他性炎、膨胀、内容物水样、有气泡；取十二指肠刮取物镜检，可见大量运动快、体积小的六鞭原虫。

（6）**组织滴虫病与鸡副伤寒的鉴别** 二者均有精神不振，羽毛松乱，翅膀下垂，闭目畏寒，厌食下痢等临床症状；并均有肠炎症，盲肠有栓子等剖检病变。但二者的区别在于：鸡副伤寒的病原为副伤寒沙门菌；病鸡水样下痢，肛周有粪污；剖检可见心包炎有粘连，十二指肠有出血性、坏死性肠炎；成年鸡卵巢有化脓性、坏死性炎（特征性病变）。

【防治措施】

1）加强饲养管理和鸡舍内外消毒工作，将雏鸡和成年鸡分群饲养，定期驱除鸡体内的异刺线虫。

2）可用二甲硝咪唑预防，按雏鸡 0.075%、火鸡雏 0.0125%~0.015% 的比例拌料，治疗均按 0.05% 的比例拌料，连用 1~2 周。

3）可在饲料中同时添加左旋咪唑或阿苯达唑（丙硫咪唑）杀灭异刺线虫，每千克体重 25 毫克。

4）甲硝唑（甲硝咪唑、灭滴灵）。按每升水 500 毫克混饮 7 天，停药 3 天，再用 7 天。

5）地美硝唑（二甲硝唑、二甲硝咪唑、达美素）。20% 地美硝唑预

第六章

混剂，治疗时按每千克饲料 500 毫克本品混饲。预防时按每千克饲料 100 ~ 200 毫克本品混饲。蛋鸡产蛋期禁用，休药期为 28 天。

6）中药治疗。青蒿、苦参、常山各 500 克，柴胡 75 克，何首乌 80 克，白术、茯神各 600 克，加水 5 千克煎汁，可供 1000 只 50 日龄左右的病鸡饮用，或者供给 1500 只 7 ~ 20 日龄的病鸡饮用。集中饮水，每天 2 ~ 3 次，直到病鸡康复为止。

四、绦虫病

戴文科赖利属和戴文属及膜壳科剑带属的多种绦虫可寄生于鸡的小肠，引起鸡的绦虫病。严重时导致鸡贫血、消瘦、下痢、产蛋减少甚至停产。

【流行特点】 绦虫雌雄同体，呈乳白色的扁平带状，分节，前部节片细小，后部节片较宽。绦虫种类很多，常见的有节片戴文绦虫、有轮赖利绦虫、四角赖利绦虫、棘沟赖利绦虫等，体长在 0.5 ~ 34 厘米不等。绦虫的生活史比较复杂，常需要 1 个或 2 个中间宿主（蚂蚁、甲壳虫、家蝇及一些软体动物）参与。成虫寄生在鸡的消化道内，经 2 ~ 3 周成熟，并随粪便排出孕卵节片，孕卵节片被中间宿主吞食后，卵在中间宿主的肠道孵化出六钩蚴，随后发育成似囊尾蚴；鸡吞食含有囊尾蚴的中间宿主后，经 2 ~ 3 周，由囊尾蚴发育为成熟的绦虫。

该病每年 4 ~ 9 月多发。各个年龄的鸡均可发病，雏鸡易感，25 ~ 40 日龄的雏鸡发病率和死亡率最高。

【临床症状】 大量虫体感染会导致病鸡贫血，消化不良，消瘦，下痢，排稀便，有时粪便混有血样黏液。发病严重时，病鸡不能站立甚至虚脱，最后衰弱死亡。产蛋鸡产蛋减少或停产。

【病理变化】 病鸡小肠内黏液增多、恶臭、黏膜增厚，有出血点，感染严重时，虫体堵塞肠管，肠道内可见节片状绦虫（彩图 29），肠壁上可见中央凹陷的结节，结节内含黄色干酪样物质。在粪便或肠道后段内容物中可见大米粒样孕卵片节。

【鉴别诊断】 有些病鸡所表现的消瘦、腿脚麻痹，进行性瘫痪（劈叉）等症状与马立克氏病的症状相似，有些病鸡的头颈扭曲症状与新城疫、细菌性脑炎、维生素 E 缺乏症等病的症状相似，应注意区别。

【防治措施】

（1）加强饲养管理 科学处理粪便，注意观察感染情况，及时用药，尽早治疗。

（2）临床用药

1）阿苯达唑（丙硫咪唑）：按每千克体重 15 ~ 25 毫克，1 次内服。

2）氯硝柳胺：按每千克体重 50 ~ 100 毫克，1 次内服。

3）吡喹酮：按每千克体重 10 ~ 20 毫克，1 次内服，对绦虫成虫及未成熟虫体有效。

五、鸡蛔虫病

鸡蛔虫病是由鸡蛔虫寄生于鸡小肠内，影响雏鸡生长发育，造成鸡只大批死亡的线虫寄生虫病。

【流行特点】 鸡蛔虫是鸡体内最大的一种线虫，呈浅黄白色，头端有 3 个唇片，雄虫长 26 ~ 70 毫米，尾端向腹面弯曲，有尾翼和乳突。雌虫长 65 ~ 110 毫米，阴门开口于虫体中部，尾端钝直。虫卵对外界环境和消毒水抵抗力很强。

该病一年四季均可发生，鸡主要因吞食了受污染的土壤、饲料、饮水、垫料而感染，3 ~ 4 月龄的雏鸡最易感，1 年以上的鸡多为带虫者。

【临床症状】 受感染的雏鸡生长缓慢，羽毛杂乱，下痢，贫血，黏膜和鸡冠苍白无血色，精神沉郁，食欲减退，消瘦体弱，严重者可造成肠堵塞而死亡；成年鸡一般不表现症状，但严重时表现为贫血、产蛋量下降、下痢等。

【病理变化】 剖检可在鸡小肠肠管中见到数量不等的蛔虫成虫（彩图 30），小肠黏膜轻度充血、水肿、潮红。

【鉴别诊断】 鸡蛔虫和鸡异刺线虫的幼虫和虫卵很相似，应注意区别。鸡蛔虫卵长 70 ~ 80 微米，宽 47 ~ 51 微米，椭圆形，较扁圆；鸡异刺线虫卵长 50 ~ 70 微米，宽 30 ~ 39 微米，椭圆形，但较长。鸡蛔虫幼虫尾部短，且急行的时候会变尖；鸡异刺线虫幼虫尾部较长，逐渐变尖。

【防治措施】

1）及时清理鸡粪便，堆积发酵，消灭虫卵，彻底消毒，制定合理的定期预防性驱虫方案，一年 2 ~ 3 次最佳。

2）发现病鸡应及时用药治疗。阿苯达唑（丙硫咪唑），按每千克体重 10 ~ 15 毫克，1 次内服；左旋咪唑，按每千克体重 20 ~ 30 毫克，1 次内服；噻苯达唑，按每千克体重 500 毫克，配成 20% 悬液内服；枸橼酸哌嗪，按每千克体重250毫克，1次内服。这些药物有较好的治疗效果。

3）德信驱虫灵：鹤虱30克，使君子30克，槟榔30克，芜荑30克，雷丸30克，绵马贯众60克，干姜15克，乌梅30克，诃子30克，大黄30克，百部30克，木香15克，榧子30克。预防用量为本品1000克拌料300千克。治疗用量为本品1000克拌料150千克或水煎过滤液兑水饮，用药渣拌料，连用3～5天。

六、虱

虱是寄生于鸡体表或附于羽毛、绒毛上的一种常见寄生虫，属节肢动物门昆虫纲。虱个体较小，一般体长1～5毫米，呈浅黄色或浅灰色，由头、胸、腹3部分组成。虱的种类很多，属于永久性寄生虫，一旦离开宿主只能存活几天。虱的寄生影响鸡健康，给养鸡业造成损失。

【流行特点】 该病冬季发生较少，但在集约化养殖均一年四季均可发生，各个品种、各个年龄的鸡均易感。管理水平低，卫生条件差的养鸡场易发生该病。

【临床症状】 受感染鸡生长缓慢、体弱消瘦、产蛋减少，皮肤上有损伤，有时可见皮下有出血块。虱大量寄生于鸡体表时，鸡体奇痒，影响休息，啄痒造成羽毛折断、脱落。

【防治措施】 使用药物杀灭鸡体上的虱，应依据不同季节、不同情况，合理运用烟雾法、喷雾或药浴法、沙浴法施药。同时，对鸡舍、各种用具及环境进行彻底消毒和杀虫。

七、鸡刺皮螨

鸡刺皮螨是一种常见的外寄生虫，寄生于鸡体表，以刺吸血液为食。鸡刺皮螨也可侵袭人，危害严重。虫体呈浅红或棕灰色，长椭圆形，后部稍宽，体表布满绒毛，有刺吸式口器，1对螯肢呈细长针状，以此刺穿皮肤吸血。腹面的4对足均较长。

【临床症状】 该病轻度感染时无明显症状，受到重度侵袭时鸡只日渐消瘦，生长受阻，产蛋量降低，可使雏鸡成批死亡。

【防治措施】 主要是用药消灭鸡体表和环境中的虫体。依据不同季节、不同情况，合理运用烟雾法、喷雾或药浴法、沙浴法施药。同时，对鸡舍、各种用具及环境进行彻底消毒和杀虫。

第六章

第七章 鸡代谢病的诊治

一、痛风

痛风是因尿酸盐大量沉积于鸡的各器官表面或关节腔而形成的一种代谢性疾病。

【发病原因】

（1）**营养因素** 核蛋白和嘌呤饲料过多，消化后产生大量氨，转化为尿酸。而核酸分解产生的尿酸超出机体的排出能力，大量尿酸盐就会沉积在内脏表面，造成痛风。

（2）**可溶性钙盐含量过高** 日粮中贝壳粉或石粉过多，超出机体的吸收及排泄能力，大量的钙盐会从血液中析出，沉积在内脏或关节中，造成钙盐性痛风。

（3）**缺乏维生素A** 维生素A具有维持上皮组织完整性的功能。缺乏维生素A，上皮组织完整性被破坏，排泄尿酸盐水平下降，尿酸盐沉积于体内，引发痛风。

（4）**饮水不足** 鸡体缺水，会造成鸡体脱水，代谢物不能及时排出体外，造成尿酸盐无法随尿液排出，沉积于体内，引起痛风。

（5）**中毒** 药物中毒，如磺胺类药物和氨基糖代类药物中毒，这些药物侵害肾脏导致尿酸盐排泄功能降低，引发痛风。

（6）**传染性因素** 如感染鸡肾型传染性支气管炎等会引发痛风。

【临床症状】 病鸡食欲较差，精神不振，羽毛蓬松无光泽，贫血，鸡冠苍白，脱毛，爪失水干瘪。排白色石灰渣样粪便，呼吸困难。眼结膜上有白色尿酸盐沉积。关节痛风时，可见运动困难，关节肿大。

【病理变化】 病鸡的肌肉、心脏、肝脏、肠道、肠系膜表面上大量白色石灰渣样尿酸盐沉积，严重时内脏器官粘连，如消化道粘连或肝脏与胸壁粘连。肾脏肿大，有大量尿酸盐沉积，红白相间，呈"花斑肾"样，输尿管扩张，呈柱状，内有大量尿酸盐沉积。关节腔中有白色尿酸盐沉积，关节腔周围因尿酸盐沉积呈白色。

【鉴别诊断】

（1）痛风与磺胺类药物中毒的鉴别　磺胺类药物中毒表现的肌肉出血和肾脏肿大苍白与痛风的表现相似。鉴别要点是：第一，精神状态不同。在磺胺类药物中毒初期，鸡群表现兴奋，后期精神沉郁；而痛风早期一般无明显的临床表现，后期表现为精神不振。第二，用药史不同，磺胺类药物中毒鸡群有大剂量或长期使用磺胺类药物的病史。

（2）痛风与传染性法氏囊病的鉴别　传染性法氏囊病病鸡表现的肾脏尿酸盐沉积与痛风的表现相似。鉴别要点是：第一，尿酸盐沉积位置不同。传染性法氏囊病病鸡仅在肾脏和输尿管有尿酸盐沉积；而患痛风的鸡除肾脏和输尿管外，还可能在内脏的浆膜面、肌肉间、关节内有尿酸盐沉积。第二，病程不同。传染性法氏囊病病程在7～10天，而痛风病程持续很长。第三，发病日龄不同。传染性法氏囊病多发生于3～8周龄的鸡；而痛风往往发生于日龄较大的鸡，以蛋鸡或后备蛋鸡多见。

（3）痛风与鸡肾型传染性支气管炎的鉴别　鸡肾型传染性支气管炎病鸡表现的肾脏尿酸盐沉积与痛风的表现相似，二者都有"花斑肾"的临床症状。鉴别要点是：第一，临诊表现不同。鸡肾型传染性支气管炎病鸡表现呼吸道症状，而痛风没有。第二，剖检病变不同。鸡肾型传染性支气管炎病鸡表现鼻腔、鼻窦、气管和支气管的卡他性炎，而痛风无此病变。而且鸡肾型传染性支气管炎病鸡肾脏中沉积较少的尿酸盐，输尿管、肠道及肝脏表面通常没有沉积尿酸盐。

（4）痛风与鸡关节型结核病的鉴别　二者都有关节肿大、变形、跛行的临床症状。但鸡关节型结核病，主要是由于感染结核分枝杆菌而导致，成年鸡易发，关节发生肿胀，里面存在干酪样物质。

（5）痛风与葡萄球菌病的鉴别　二者都有关节肿大、变形、跛行的临床症状。但葡萄球菌病是由于感染葡萄球菌而导致关节、腱鞘及其他囊腔局部发生化脓性肿胀，主要症状是关节、脚趾、翅膀呈黑紫色，且明显肿大，破溃后会形成黑色痂皮。

（6）痛风与鸡白痢的鉴别　二者都有关节肿大、变形、跛行的临床症状。但鸡白痢是由于感染沙门菌而导致的一种传染病，主要是 2~3 周龄以下的雏鸡易发，且发病率会随着日龄的增大而逐渐下降，病鸡主要症状是排出灰白色的稀粪，呼吸困难，少数因发生关节炎而出现跛行，病程持续 4~7 天。

【防治措施】

1）加强饲养管理，根据鸡不同日龄的营养需要合理配制日粮，控制高蛋白质、高钙饲料的摄入，高钙日粮可引起严重的肾脏损害。

2）饲喂过程中定期监测饲料中的钙、磷和蛋白质含量，检查饲料中霉菌毒素的含量。

3）适当增加运动，给予充足的饮水和富含维生素 A 的饲料。

4）合理使用兽药，合理使用磺胺类及其他药物。

5）一旦发病，及时找出发病诱因，消除致病因素。饲喂量比平时减少 1/5，连续 5 天，同时补充青绿饲料，让病鸡多饮水，促进尿酸盐的排出。

6）发病早期，使用 0.2%~0.3% 的碳酸氢钠饮水中和尿酸，连用 3~4 天；后期使用酸性药物溶解尿酸。

二、肉鸡猝死综合征

肉鸡猝死综合征又称暴死症或急性死亡综合征。该病以肌肉丰满、外观健康的肉鸡突然死亡为特征。病死鸡两脚朝天，少数侧卧或俯卧，腿、颈伸展。该病病因不详，但普遍认为与代谢有关，目前研究的指标有矿物质、脂肪、葡萄糖、乳酸、环境等。

【临床症状】 该病主要发生于饲养管理好、生长快、个头大的鸡。发病鸡死前无任何异常，突然发生肌肉强烈收缩，平衡失调，扇动翅膀，症状持续 1 分钟即会死亡。疾病发作时病鸡发出凄厉叫声，死后多以背部着地，死亡时颈、脚呈伸展状态。

【病理变化】 剖检病死鸡可见腹部饱满，嗉囊充盈，消化道内充满食物，十二指肠内容物呈奶样，胸肌呈粉红或苍白色，肺弥漫性出血，气管内有泡沫状渗出物，肝脏增大、苍白、易碎，有的肝脏破裂或被膜下出血，心脏呈收缩状态。

【防治措施】 对此病目前无理想治疗方式，必须采取综合性防治措施。平时加强饲养管理，平衡饲料营养，减缓肉鸡生长速度。按每只鸡

0.62 克碳酸氢钾饮水，或用碳酸氢钾按每吨饲料 3.6 千克拌料进行治疗，能有效降低发病鸡群的死亡率。在饲养管理上实施光照强度低的渐增光照程序。

三、肉鸡腹水综合征

肉鸡腹水综合征是以明显的腹水和右心衰竭、肺充血、水肿及肝脏的病变为特征的非传染性疾病，缺氧是该病的主要诱因。

【发病原因】 肉鸡腹水综合征的病因较为复杂，主要有以下几点：

（1）**遗传因素** 肉鸡出壳后，心肺发育速度跟不上身体生长速度，心肺功能与肉鸡生长速度不协调，形成了异常血压，造成了肺动脉高压及右心衰竭，引起腹水。

（2）**营养因素** 颗粒饲料或高能日粮饲料能引发腹水综合征，而且肉鸡消耗饲料多，相应消耗的氧气也多，引起体内缺氧，引发腹水。

（3）**肠道产生氨的影响** 肠道中存在氨，可增加黏膜壁中的核酸产量，使肠壁增厚，压迫毛细血管，使血液流通不畅，心脏加大收缩力度，引起右心扩张、右心衰竭等。

（4）**环境因素** 环境缺氧和需氧量增加导致的相对缺氧是肉鸡腹水综合征的主要诱因之一。冬春季节，鸡舍为保持温度，多关闭门窗，造成通风不良，氧气减少；在高海拔地区，空气稀薄，易引起慢性缺氧，导致鸡群发病。

（5）**疾病因素** 如有其他影响呼吸的疾病，会使发病鸡呼吸不畅，加重缺氧，导致心力衰竭而发生腹水。

（6）**孵化因素** 孵化后期缺氧，易导致鸡胚心肺功能下降。

（7）**中毒** 中毒破坏肝脏，发生炎性渗出，引起腹腔大量积液。

【临床症状】 该病表现为突然死亡，通常发病鸡个体小于正常鸡，羽毛松乱，神情倦怠，呼吸困难。肉眼可见腹部膨大呈水袋状，按压有波动感，有的病鸡皮肤瘀血发红，腹腔穿刺流出浅黄色液体。

【病理变化】 病鸡腹腔中有大量清亮透明液体，呈浅黄色，部分病鸡腹腔中有浅黄色纤维蛋白凝块。肝脏变厚变硬，充血肿大，表面凹凸不平，常覆盖一层灰白色或浅黄色纤维素性渗出物。肺瘀血、水肿，呈紫红色，支气管充血。心脏体积增大，心包有积液，右心室扩张，心肌变薄，肌纤维苍白，肠管变细，肠黏膜弥漫性瘀血，肾脏充血、肿大，呈紫红色。

【鉴别诊断】

（1）肉鸡腹水综合征与脂肪肝综合征的鉴别 二者相似之处是发病通常都由饲喂过多的高能量日粮引起，且病鸡腹部膨大，软绵下垂，呈俯卧状。区别是脂肪肝综合征是因采食过多的饲料能量而导致过度肥胖，穿刺膨大腹部不会流出液体，鸡冠发生褪色或者呈苍白色，成年肉鸡往往容易发生，剖检后发现有大量脂肪沉积在腹腔。

（2）肉鸡腹水综合征与鸡伤寒的鉴别 二者相似之处是病鸡羽毛蓬松杂乱，双翅下垂，腹部膨大，如同企鹅走动或者站立，如果卵泡破裂就会发生腹膜炎。区别是鸡由于感染沙门菌而引起鸡伤寒，表现为鸡冠皱缩，呈苍白色，体温明显升高，可达到 43 ~ 44℃，排出黄绿色的稀粪，且粪便导致肛门周围被污染；剖检能够发现肝脏肿大，呈古铜色或者棕绿色，心脏、肝脏、肌胃存在灰白色的坏死灶；取病料进行培养即可鉴定是沙门菌感染。

【防治措施】 根据鸡日龄大小给予适当的通风量；在日粮中添加碳酸氢钠、脲酶抑制剂等，抑制肠道中氨的水平；进行早期限饲，改善饲养环境，降低饲养密度和鸡舍内二氧化碳浓度，及时通风补氧。孵化后期向孵化器内补充氧气，减少应激反应。

① 降低日粮的粗蛋白质与能量水平，一般 1 ~ 3 周龄时日粮的粗蛋白质含量为 20.5%，4 ~ 6 周龄时日粮的粗蛋白质含量为 18.5%，7 周龄至出笼期日粮的粗蛋白质含量为 18%。

② 控制日粮中油脂的含量，6 周龄前应保持在 1%，7 周龄至出笼期不超过 2%。尽可能使日粮中盐含量不超过 0.5%。

③ 适度限饲，一般以 1 ~ 30 日龄的肉鸡的每天采食量的 80% ~ 90% 进行饲喂，限饲 5 ~ 19 天后恢复正常。这样不但能防病，还能提高饲料转化率。

④ 在饲料中添加脲酶抑制剂，可降低腹水综合征的发病率和死亡率。

⑤ 中药方剂：党参 45 克、黄芪 50 克、苍术 30 克、陈皮 45 克、木通 30 克、赤芍 50 克、甘草 40 克、茯苓 50 克组成方剂，共研为细末。治疗量按每千克体重 1 克，一次性拌料，每天上午饲喂，连喂 5 天，预

防量减半。

⑥ 德信腹水消：茯苓 100 克，泽泻 200 克，猪苓 100 克，肉桂 50 克，白术 100 克，陈皮 100 克。预防用量为本品 1000 克拌料 500 千克。治疗用量为本品 1000 克拌料 250 千克或水煎过滤液兑水饮，用药渣拌料，连用 3～5 天。

四、脂肪肝综合征

脂肪肝综合征又名脂肪肝出血综合征，是一种脂类代谢性障碍疾病，病鸡肝脏积聚大量脂肪，出现脂肪变性。该病主要发生于笼养的蛋鸡。

【流行特点】 该病发生于 10～30 日龄的肉仔鸡，一般情况下，死亡率不超过 6%，但有时可超过 20%。

【临床症状】 发病鸡无明显症状，主要表现为肥胖。蛋鸡和种鸡生产性能下降；停产笼养鸡比平养鸡多发；发病仔鸡嗜睡、麻痹、突然死亡，头部苍白，多发生于生长良好的 10～30 日龄仔鸡。该病初期，鸡群看似正常，但高产鸡死亡率突然增高。

【病理变化】 急性死亡时，鸡的头部、冠、肉髯、肌肉苍白，体腔内有大量血凝块，并部分附着于肝脏，肝脏明显肿大，色泽变黄，质地脆且易碎，有油腻感，肝脏表面还可发现条状破裂区域和小的出血点。腹腔内、内脏周围、肠系膜上还有大量的脂肪。

【鉴别诊断】

（1）脂肪肝综合征与鸡传染性贫血病的鉴别 鸡传染性贫血病：先天性感染此病的雏鸡在 10 日龄左右发病，表现症状且死亡率上升；雏鸡若在 20 日龄左右发病，表现症状并有死亡，可能是水平传播所致；贫血是该病的特征性变化，病鸡感染后 14～16 天贫血最严重；病鸡衰弱、消瘦、瘫痪、翅、腿、趾部出血或肿胀，一旦碰破，则流血不止；剖检时可发现血液稀薄，血凝时间延长，骨髓萎缩，常见股骨骨髓呈脂肪色、浅黄色或浅红色。而脂肪肝综合征发病和死亡的鸡都是母鸡，剖检可见体腔内有大量血凝块，并部分地包着肝脏，肝脏明显肿大，色泽变黄，质脆弱且易碎，有油腻感，这些症状易与鸡传染性贫血病区别。

（2）脂肪肝综合征与鸡球虫病的鉴别 鸡球虫病表现的可视黏膜苍白等贫血症状与脂肪肝综合征有相似之处，但很容易鉴别。鸡球虫病剖检症状很典型，即受侵害的肠段外观显著肿大，肠壁上有灰白色坏死灶或肠道内充满大量血液或血凝块。

(3) 脂肪肝综合征与住白细胞原虫病的鉴别 住白细胞原虫病表现的鸡冠苍白、血液稀薄、骨髓变黄等症状与脂肪肝综合征有相似之处。鉴别要点：一是住白细胞原虫病病例剖检时还可见内脏器官广泛性出血，胸肌、腿肌、心脏、肝脏等多种组织器官有白色小结节；二是住白细胞原虫病在我国的福建、广东等地呈地方流行性，每年的 4～10 月发病多见，有明显的季节性。

(4) 脂肪肝综合征与磺胺类药物中毒的鉴别 磺胺类药物中毒除表现贫血症状外，发病初期鸡群还表现兴奋，后期病鸡精神沉郁，鸡群有大剂量或长期使用磺胺类药物的病史，这些易与脂肪肝综合征区别。

【防治措施】

1）科学配制日粮，防止摄入过高的能量。

2）添加适量的营养，在饲料中适当添加胆碱、肌醇、蛋氨酸、维生素 E、维生素 B_{12}、亚硒酸钠等物质，防止脂肪在肝脏沉积。

3）控制蛋用鸡体重，加强饲养管理，提供适宜的生活空间、环境温度，减少应激。

五、笼养鸡疲劳症

笼养鸡疲劳症是蛋鸡特有的营养代谢病，以蛋鸡产蛋期瘫痪为特点，是由多种因素引起的骨质疏松等骨营养不良性疾病，又称笼养蛋鸡疲劳综合征、骨质疏松症。

【发病原因】

1）日粮中钙源不足，蛋鸡生长、产蛋等生理活动动用骨钙，造成骨质疏松其至瘫痪。

2）缺乏维生素 D，维生素 D 不足时鸡体对钙磷的吸收和利用会发生障碍。

3）患有肠道疾病，影响钙的吸收。

4）饲料中钙磷比例不合适，导致鸡体对其吸收率和利用率降低。

5）饲料中油脂变质，破坏维生素 D。

6）天气炎热，造成该病夏季多发。

【临床症状】 病鸡表现软壳蛋、无壳蛋数量增加，产蛋鸡站立困难，病程初期可靠一侧腿支撑站立，一段时间后病鸡完全不能站立，肋骨易折，肌肉松弛，腿麻痹，双翅下垂，胸骨凹陷、弯曲，不能正常活动，最终消瘦死亡。

【病理变化】 剖检可见输卵管中有未产出的蛋，卵泡发育正常。肺出血，腺胃变软。骨骼变软，掰不断，龙骨弯曲；骨骼脆性增大，易发生骨折，常见于腿骨和翼骨。

【防治措施】

1）加强饲养管理，日粮中钙磷和维生素 D 含量要充足，可配合在饲料中添加维生素 AD_3 粉，防止饲料放置时间过长发生霉变，维生素 D 被氧化分解而失效；钙磷充足且比例适当，钙的含量应不低于 3.0% ~ 3.5%，磷的含量不低于 1%，有效磷不用低于 0.5%；饲料中适当添加脂肪，不要过早上笼。

2）一旦发病，及时找出病因，消除致病因素，并让鸡多晒太阳，或直接补充维生素 D 或钙。

六、维生素缺乏症

维生素是维持动物机体正常生命活动所必需的一类微量元素，主要生理功能是参与各种酶的辅酶和辅基的组成、催化、控制和调节蛋白质、脂肪、碳水化合物及核酸的代谢过程。日粮中若长期缺乏某些维生素，就会引起机体代谢紊乱，呈特有的临床症状。

1. 维生素 B_1 缺乏症

【临床症状】 小公鸡出现发育缓慢，母鸡产蛋和孵化率降低，卵巢萎缩，成年鸡经常呈现蓝色鸡冠。肌肉逐渐出现明显的麻痹，从脚趾的屈肌开始，随后发展到腿、翅膀和颈部的伸肌也受到损害。由于病鸡颈的前部肌肉麻痹，头部向后仰呈"观星"姿势。鸡很快因失去站立和直坐的能力而倒在地上，同时头仍蜷缩着，最后因瘫痪、衰竭而死。

【病理变化】 可见皮肤发生广泛性水肿，生殖器官萎缩，心及胃肠壁萎缩。

【鉴别诊断】 该病出现的"观星"姿势等神经系统症状与新城疫、鸡传染性脑脊髓炎、维生素 E 缺乏症等出现的症状类似，应注意区别。

【防治措施】 合理搭配饲料，病情严重时用药治疗，先口服维生素 B_1，然后在饲料中添加维生素 B_1。

2. 维生素 B$_2$ 缺乏症

【临床症状】　雏鸡表现生长极为缓慢，逐渐衰弱与消瘦，羽毛粗乱，食欲尚好，严重时出现腹泻。维生素 B$_2$ 缺乏症的特征症状是雏鸡不愿行走，脚趾均向内弯曲，呈拳状，中趾特别明显，足跟关节肿胀，脚瘫痪，以踝部行走。成年鸡缺乏维生素 B$_2$ 时，产蛋率和孵化率均显著下降，胚胎死亡率增加。孵出的雏鸡瘫痪，由于羽毛生长障碍，导致羽毛短粗，羽毛黏结在一起呈棒状。

【病理变化】　剖检时可见肠道内含有大量的泡沫状内容物。胃肠道黏膜萎缩，肠壁很薄。肝脏较大而柔软，脂肪含量增多，坐骨神经和臂神经肿大变软，有时其直径达到正常的 4 ~ 5 倍。

【鉴别诊断】　该病出现的趾爪蜷曲、两腿瘫痪等症状与鸡传染性脑脊髓炎、维生素 E-硒缺乏症、马立克氏病等出现的症状类似，应注意区别。

【防治措施】　选择含鱼粉和酵母的配合饲料，同时在日粮中添加核黄素。病情严重时，用核黄素治疗，雏鸡每天每只饲喂 2 毫克核黄素；成年鸡每天每只饲喂 5 ~ 6 毫克核黄素，连用 1 周。

3. 维生素 A 缺乏症

【临床症状】　缺乏维生素 A 时，孵化后的雏鸡表现精神委顿，生长受阻，衰弱，羽毛蓬乱，不能站立。该病的特征性症状是病鸡眼中流出一种牛奶样渗出物，严重时眼内有干酪样物沉积，眼球凹陷，角膜浑浊呈云雾状、变软，严重者失明，最后因采食困难而衰竭死亡。种鸡缺乏维生素 A，母鸡的卵巢退化，产蛋率降低，孵化率降低，弱雏比例增大。

【病理变化】　剖检可见在消化道、呼吸道特别是食管、嗉囊、咽、口腔、鼻腔黏膜上有许多灰白色小结节，有时融合成片，形成伪膜。肾脏肿大，表现为灰白色网状花纹，输尿管变粗，有尿酸盐沉积或尿结石。心脏等内脏器官表面有尘屑状尿酸盐沉积，与内脏型痛风相似。

【鉴别诊断】

1）该病出现的呼吸道症状与传染性鼻炎、鸡传染性喉气管炎等病的症状类似，应注意区别。

2）该病出现的产蛋率、孵化率下降和胚胎畸形等临床症状与减蛋综合征、低致病性禽流感、鸡传染性支气管炎等病的症状类似，应注意区别。

3）该病出现的眼和面部肿胀症状与传染性鼻炎、眼型大肠杆菌病、氨气眼部灼伤等病的症状类似，应注意区别。

4）该病出现的"花斑肾"病变与传染性法氏囊病、鸡肾型传染性支气管炎、痛风等病的病变类似，应注意区别。

5）维生素 A 缺乏症病鸡食道黏膜覆盖的白色豆腐渣样薄膜，与鸡黏膜型鸡痘的病变类似，应注意区别。

【防治措施】

1）在日粮中搭配动物性饲料。同时，给鸡投喂青绿饲料，特别是青草粉、青绿叶子。

2）在饲料中加入维生素 A，并且要现配现用，以防受氧化而破坏。

3）对于发病鸡群，可给予 2 ~ 4 倍正常量的维生素 A。症状较重的鸡可口服鱼肝油。

七、矿物质缺乏症

矿物质是一类无机营养物，大多数以无机盐的形式存在于机体中，具有重要的调节作用。如果矿物元素供应不足，会导致鸡体质衰弱、生长受阻、生产能力下降。

1. 钙缺乏症

【临床症状与病理变化】 鸡缺钙的基本症状是骨骼发生病变。雏鸡发生佝偻病，成年鸡发生骨软病，病鸡表现为行走无力，站立困难或瘫于笼内，肌肉松弛，腿麻痹，翅膀下垂，胸骨凹陷、弯曲，不能正常活动，骨质疏松、变薄、脆弱，易于折断。

【鉴别诊断】 该病出现的运动障碍与维生素 D 缺乏症、锰缺乏症等出现的症状类似，应注意区别。

【防治措施】

1）根据鸡的不同阶段的营养标准进行日粮的配合，保证日粮中钙的含量和适当的钙磷比例，添加适量维生素 D，并保持鸡的适当运动，严把饲料的质量及加工、配合关。

2）当发生钙缺乏症时，要及时调整饲料配方，同时给予钙糖片进行治疗，成年鸡每只每天 1 片，雏鸡每只每天 0.25 ~ 0.5 片。同时，要提高饲料中维生素 D 的添加剂量，为正常添加剂量的 2 倍，经 3 ~ 5 天就可收到良好的治疗效果。

2. 锰缺乏症

【临床症状】　锰缺乏症以雏鸡多发，常见于 2~10 周龄的鸡，病雏表现为生长受阻，腿垂直外翻，关节肿大，不能站立和行走。种鸡所产的蛋蛋壳硬度降低，孵化率下降，孵化的雏鸡运动失调，特别是在受到刺激时，头向前伸和向身体下弯曲或者缩向背后。

【病理变化】　剖检发现病鸡骨骼畸形，跗关节肿大和变形，胫骨扭转、弯曲，长骨缩短变粗，以及腓肠肌肌腱从其踝部滑脱，又称滑腱。

【鉴别诊断】　该病的跛行、骨短粗和变形症状与大肠杆菌、葡萄球菌等引起的关节炎，滑液囊关节炎，鸡病毒性关节炎，关节型痛风，胆碱缺乏症、叶酸缺乏症、维生素 D 缺乏症，维生素 B_2 缺乏症、钙磷缺乏和钙磷比例失调等出现的症状类似，应注意区别。

【防治措施】

1）鸡对锰的需求量较大，需要在鸡饲料中按照各饲养阶段的不同添加不同量的锰。

2）在发现锰缺乏症病鸡时，可提高饲料中锰的加入剂量至正常加入量的 2~4 倍。也可用 1∶3000 锰酸钾溶液作为饮用水，以满足鸡体对锰的需求量。

 鸡普通病的诊治

一、肌胃糜烂症

肌胃糜烂症又称肌胃角质层炎。该病的发生主要是由饲喂过量的鱼粉造成的，是一种群发病，主要表现为肌胃发生糜烂、溃疡，甚至穿孔。

【发病原因】 鱼粉在生产加工、储藏、运输过程中会产生或受到有害物质的污染，如肌胃糜烂素、组胺、霉菌毒素和细菌等。

（1）肌胃糜烂素 是鱼粉中最主要的导致肌胃溃疡的物质，它的活性为组胺的 1000 倍以上，可导致肠胃环境改变，胃肠黏膜被腐蚀。

（2）组胺 鲭鱼、金枪鱼、鲅鱼、鲐鱼等青皮红肉的鱼中的游离氨基酸相当丰富。在用这些鱼制作鱼粉前，如果鱼濒死状态持续时间较长，高温条件下蛋白质崩解，有些细菌会以蛋白质内组氨酸为目标，将其转化为有毒的组胺。组胺可引起唾液、胰液、胃液大量分泌，平滑肌痉挛，腐蚀肠胃黏膜等。

（3）细菌与霉菌毒素 因鱼粉中还含有较多的蛋白质及其他营养成分，在运输或储存过程中会滋生大量细菌，产生有毒物质，对鸡的胃肠道有较强的腐蚀作用，引起消化系统失衡，造成腹泻。

（4）其他 一些鱼粉加工厂生产不合格鱼粉，在其中掺入羽毛粉、皮革粉、尿素、棉仁粉等，残留有大量重金属、酶和其他有机物，鸡食用后对消化道产生严重的刺激，与其他发病诱因一起促使肌胃糜烂的发生。

【临床症状】 病鸡精神沉郁，步态不稳，闭眼嗜睡，羽毛蓬松无光泽，食欲下降，鸡冠、肉髯苍白。病鸡嗉囊外观呈黑色，挤压嗉囊，从口腔中流出黑色或酱油色的稀薄液体。病鸡腹泻，排黑色稀便，严重者迅速死亡，病程长者表现为消瘦，最后衰竭死亡。

【病理变化】 剖检可见嗉囊呈黑色，肌肉苍白，从口腔到直肠的消化道内有暗褐色液体，尤其是嗉囊、腺胃、肌胃中有大量黑色内容物，腺胃松弛无弹性，腺胃乳头部扩张、膨大，用刀刮有褐色液体流出，可见溃疡，腺胃肌胃结合部及十二指肠开口部附近有不同程度的糜烂及散在性溃疡。严重者在肌胃和腺胃之间形成穿孔，流出大量黑色黏稠液体，污染肠道和腹腔。肠道中充满大量黑色内容物，肠黏膜出血、脱落，肝脏苍白，脾脏萎缩，胆囊扩张。

【防治措施】

1）购买时选择优质鱼粉，选择肌胃糜烂素含量少的鱼粉。储存时，为防止鱼粉变质，可在干燥鱼粉中预先加入赖氨酸、抗坏血酸等，能有效抑制肌胃糜烂素的生成。

2）饲喂时正确把握鱼粉使用量。日粮营养成分平衡时，在雏鸡和育成鸡饲料中添加3%左右的鱼粉；在产蛋鸡饲料中添加2%左右的鱼粉；在肉鸡饲料中，前期添加3%~4%的鱼粉，后期添加2%~3%，鱼粉超过5%就容易发生肌胃糜烂症。

3）采用酸碱对抗剂，可在饲料或饮水中添加0.2%~0.4%的碳酸氢钠，调整胃肠道内 pH，使胃肠道内呈碱性环境，降低肌胃糜烂症的发病率。

4）发病后及时更换饲料，使用优质鱼粉，调整饲料中鱼粉含量。在饮水中加入0.2%~0.3%的碳酸氢钠，早晚各1次，连用3天，在饲料中添加维生素 K_3。

5）德信菲健素。金银花130克，连翘30克，薄荷15克，荆芥穗25克，淡豆豉25克，桔梗25克，牛蒡子25克，芦根60克，淡竹叶30克，甘草10克，乌梅20克。该方功能为：疏散风热，清热解毒。预防用量为本品1000克兑水10000千克。治疗用量为本品1000克兑水5000千克。可集中饮用，连用3~5天。

6）德信吉线宝。党参45克，黄芪40克，茯苓30克，神曲30克，麦芽30克，半夏30克，干姜10克，枳实20克。预防用量为本品1000克兑水6000千克。治疗用量为本品1000克兑水3000千克。可集中饮用，连用3~5天。

二、啄癖

啄癖是养鸡生产中的多发病之一，常表现为啄肛、啄趾、啄羽、啄背、啄头等。轻者使鸡受伤，重者造成死亡。若不及时采取措施，啄癖会很快蔓延，造成很大的经济损失。

【发病原因】

1）饲料搭配不当。若饲料中缺乏蛋白质、纤维素，易引起啄肛；缺乏含硫氨基酸，易导致啄羽、啄肛；钙含量不足或钙磷比例失调，会引起啄蛋；日粮单一、饲喂量不均或搭配不当，会导致微量元素或维生素缺乏而引起啄癖。

2）饲养密度过大，通风不良，鸡群拥挤，缺乏运动，采食、饮水不足等，会引起啄癖。

3）光照过强，鸡群兴奋而互啄；或产蛋鸡暴露在阳光下，母鸡不能安静产蛋，常在匆忙产蛋后肛门外凸，招致其他鸡啄食。

4）皮肤有疥癣或其他外寄生虫刺激皮肤，病鸡先自行啄羽，造成创伤后招致鸡群啄食。

5）育雏室温度过高或过低，雏鸡拥挤，易引起啄癖的发生。

【临床症状】 病鸡腹部、背部、头部、尾部羽毛脱落，翅膀、皮肤、肛门等处出血，严重者将后半段肠管被啄出吞食。

【防治措施】

1）断喙。于7~8日龄进行断喙，可有效防止啄癖的产生。

2）加强管理。合理分群，防止因品种、大小、年龄、公母、强弱的差距引起啄斗；降低饲养密度，加强鸡舍通风，舍温以18~25℃为宜，相对湿度以50%~60%为佳。

3）控制光照，利用自然光照时，在窗户上挂上红色窗帘或涂布红色油漆，使鸡舍内呈暗红色。

4）合理配制饲料，满足不同时期鸡只对营养的需要，设置足够的食槽和水槽。雏鸡饲料中粗蛋白质含量保持在16%~19%，产蛋期不低于16%，饲料中矿物质含量应占2%~3%。

5）鸡群中有外寄生虫时，对鸡舍、地面、鸡体可用0.2%的溴氰菊酯进行喷洒，对皮肤疥螨可用20%的硫黄软膏涂擦。

6）准备充足的产箱，设置在较暗的位置，使母鸡有安静的产蛋环境。

7）出现啄癖时，可在饲料中加入0.1%~0.2%的石膏，连用5~7

天。或在饲料中多加入 0.2% 的食盐，饲喂 4~5 天，并挑出有啄癖的鸡。若单纯啄羽可用 1% 的人工盐饮水，连用 1 周左右。也可用硫酸亚铁和维生素 B_{12} 治疗，每只鸡每次口服 0.9 克硫酸亚铁和 2.5 克维生素 B_{12}，对体重小于 0.5 千克的鸡应酌情减量，每天 2~3 次，连用 3~4 天。

8）对被啄出的伤口，涂以有特殊气味的药物，如鱼石脂、松节油、碘酊、甲紫，使别的鸡不敢接近，有利于伤口愈合。

三、中暑

中暑又称热应激，是指鸡在高温条件下，因体温调节及生理功能紊乱而发生的一系列异常反应，病鸡往往出现生产性能下降，甚至出现热休克和死亡。中暑多发于夏秋高温季节，特别是集约化养殖的种鸡和肉鸡易发。

【发病原因】　鸡舍及周围环境温度的升高超过了机体的耐受力，引起鸡群中暑。

1）夏季强烈阳光照射使地面及屋顶产生大量辐射热，大量的热通过辐射、传导和对流进入鸡舍，使鸡舍内温度升高。

2）饲养密度大。鸡群饲养过于密集时，个体之间空隙较小，不利于体热的散发，甚至使周围的小环境温度高于周围温度。

3）舍内积蓄的热量散发出现障碍，如通风不良、风扇损坏、鸡舍内湿度较高等。

外界环境潮湿闷热时，鸡散热困难，体内积热，热刺激引起神经反射性的呼吸加快，促进机体散热，但因外界环境过高，鸡体无法通过辐射、传导、对流等方式进行有效散热，产热和散热不平衡，鸡就会表现出热应激甚至中暑等明显症状。中暑时，鸡呼吸加快，体温升高，散失大量水分，排出二氧化碳，导致体内酸碱平衡紊乱，出现呼吸性碱中毒，最终鸡只因为碱中毒而死亡。

【临床症状】　中暑多发生在下午或者晚上。出现中暑时最先表现的症状为呼吸加快，心率增加。当环境温度高于 32℃时，鸡群出现张口呼吸，伸颈气喘，体温升高，翅膀张开下垂为特征的热喘息；同时伴随饮水增多至亢进，食欲下降至废绝，粪便稀薄，排水便；可见病鸡战栗、痉挛倒地，最后因神经中枢严重紊乱而死亡。

发病后，产蛋鸡产蛋量下降，软壳蛋、无壳蛋增加，蛋壳变薄变脆，钙缺乏至全身瘫痪；处于生长期的鸡生长缓慢，饲料转化率降低；种公鸡精子生成减少，活力降低，母鸡受精率、孵化率下降。部分慢性型病鸡出现脱毛症状，死亡后鸡冠、肉髯呈紫黑色。

【病理变化】 病鸡鸡冠发紫，血液凝固不良。尸僵缓慢，肌肉发白，心冠脂肪出血。心率过速引起心衰，静脉回流受阻，心脏周围的胸膜弥漫性出血，心包膜、肠黏膜瘀血，肺部瘀血、水肿，呈紫黑色，产蛋鸡卵泡膜充血，输卵管水肿，卵泡正常。腺胃变薄变软、无弹性、水肿，肝脏表面有散在的出血点。脑及脑膜瘀血，有出血点，脑组织水肿。

【防治措施】

1）鸡舍建筑不能太矮并尽可能坐北朝南，开设足够的通风口，安装必要的通风降温设备，如风扇、湿帘、喷水装置等。

2）在炎热季节，降低饲养密度；改变饲喂时间，选早晚温度较低时饲喂；适当调整饲料中蛋白质、维生素的含量，白天供应足够饮水，并在水中适当添加电解质。

3）使用抗热应激剂，如使用氯化铵、维生素 C、柠檬酸、氯化钾等进行拌料和饮水。在饲料中添加 0.01% ~ 0.04% 的维生素 C；在饮水中补充 0.15% ~ 0.3% 的氯化钾或者在饲料中补充 0.3% ~ 0.5% 的氯化钾；在饮水中补充 0.3% 的氯化铵或者在饲料中补充 0.3% ~ 1% 的氯化铵；在日粮中添加碳酸氢钠，增加蛋壳厚度，同时减少日粮里氯化钠的含量。

 **鸡中毒病的诊治**

一、高锰酸钾中毒

高锰酸钾在日常养殖中用于饮水的消毒和补充微量元素锰。但高锰酸钾溶于水发生一系列反应，使其浓度升高，鸡饮水时会引起中毒。

【临床症状】 病鸡精神沉郁，口腔、舌、咽部黏膜呈红紫色和水肿，有时出现腹泻。呼吸急促，张口呼吸，头颈伸展，横卧于地。

【病理变化】 病鸡口腔、舌、咽部表面呈红褐色，黏膜水肿，湿润，有炎性分泌物，嗉囊壁被严重腐蚀，嗉囊下部黏膜和皮肤变黑，消化道黏膜有腐蚀和出血现象，肠黏膜脱落。

【防治措施】 用高锰酸钾消毒时应避免鸡接触、饮用，严格控制高锰酸钾溶液用于饮水时的浓度，必须充分溶解后才能给鸡饮用。发生中毒后应迅速在饮水中加入鲜牛奶、鸡蛋清、豆奶或豆浆等供鸡饮用，从而保护消化道黏膜。

二、乙酰甲喹（痢菌净）中毒

乙酰甲喹（痢菌净）是一种抗菌、抑菌药物，常用于禽霍乱、沙门菌病和大肠杆菌病等细菌病的治疗，效果较好。该药价格便宜、抗菌谱广，不易产生耐药性，在养殖业中被广泛使用。

【发病原因】

（1）拌料时搅拌不匀 乙酰甲喹是治疗大肠杆菌病、沙门菌病等的理想药物，规定用量为鸡每千克体重2.5～5毫克，每天2次，3天1个疗程，一般经拌料或饮水给药，使用方便。但常因搅拌不匀发生部分鸡中毒，尤其是雏鸡症状更为明显。

（2）重复添加 乙酰甲喹因原料易得，价格低廉，市场上含有乙酰甲喹的药物很多，有些药物没有进行标注但实际已经含有此成分，重复使用加大了乙酰甲喹的用量，造成鸡中毒。

（3）用量计算错误 有的养殖户购买的是大袋包装的药物，配料计算时发生错误，或在称量药物进行配料时未精确称量，使药物剂量加大，引起鸡中毒。

【临床症状】 病鸡表现精神萎靡，羽毛松乱，无光泽，头部皮肤呈暗紫色，排黄色、灰白色水样稀便。随后出现瘫痪、角弓反张、倒地抽搐死亡。此中毒病死亡持续时间长，可达15~20天。其他药物中毒在停药后中毒症状很快消失，死亡过程随即停止。

【病理变化】 病死鸡尸体脱水，肌肉呈暗紫色，腺胃肿胀、糜烂、乳头呈暗红色出血，腺胃和肌胃交界处出现陈旧性暗黑色溃疡面（彩图31），肌胃角质层出现脱落、出血、溃疡。肝脏肿大，呈暗红色，质脆易碎。肺出血，心脏松弛，心内膜及心肌有散在出血点。肠黏膜弥漫性充血，肠腔空虚，泄殖腔充血。产蛋鸡腹腔内有发育不良的卵泡坠落，引起严重的腹膜炎。

【鉴别诊断】 该病的急性型出现的腺胃乳头出血与新城疫、禽流感、喹乙醇中毒等病出现的病变类似，应注意区别。

【防治措施】 立即停止饲喂含超量乙酰甲喹的饲料，中毒发生后可对症治疗，在饮水中添加葡萄糖、维生素C等，对解毒有一定效果。但该病无特效解毒药，最后分拣淘汰发病严重的鸡。

三、碳酸氢钠中毒

碳酸氢钠俗称小苏打，其作为鸡群促壮剂，具有防治酸中毒、健胃和抗应激的作用，能提高饲料转化率和鸡群生长率，尤其在夏季高温季节可促进产蛋鸡蛋壳的形成，所以在养殖业中被广泛使用。但过量或长期使用碳酸氢钠可引起表现为肾炎和内脏型痛风等症状的中毒，雏鸡较成年鸡敏感性更高。

【临床症状】 病鸡表现为精神沉郁，呼吸困难，食欲下降，饮水增多，腹泻，排水样粪便，鸡体脱水，体重减轻，对外界刺激反应冷漠，长时间中等程度中毒时，可发生水肿或腹水。

【病理变化】 剖检发现症状类似内脏型痛风，肾脏肿胀，呈苍白色，肾小管、输尿管内有大量尿酸盐沉积，形成"花斑肾"，肺、肝脏、心外膜表面也可见到尿酸盐沉积，同时心脏扩张。发生嗉囊炎，嗉囊黏膜脱落，内有大量灰白色不透明黏液。有时可见到皮下水肿、腹水、肺水肿、心包积液、右心室肥大、心肌出血等变化。

【防治措施】　严格控制碳酸氢钠使用剂量，一般在饮水中加入0.02%的碳酸氢钠或在日粮中加入0.04%的碳酸氢钠，若碳酸氢钠使用量超过0.1%则有对机体产生危害的可能。一旦发生中毒现象，要给予病鸡充足的饮水，并在饮水中加入0.1%的食醋，直至症状消失。

四、丁胺卡那霉素中毒

丁胺卡那霉素又名阿米卡星，为半合成的氨基糖苷类抗生素，极易溶于水，用于治疗菌血症、败血症、呼吸道感染、腹膜炎及敏感菌引起的各种感染等。

【临床症状】　病鸡羽毛蓬乱、无光泽，精神不振，眼睛半闭，眼窝下陷，鸡冠呈暗红色，重症鸡缩颈，将头颈藏于翅羽之中，腿麻痹，站立不稳，粪便呈黄白色水样。胸部及翅膀皮肤下有黑紫色斑块。

【病理变化】　病鸡肝脏肿大，为正常的2～3倍，呈浅黄色，严重的在肝脏表面有大小不一的出血点。肠管有轻微炎症，肠管内有黄色黏稠的内容物。肾脏极度肿大，几乎呈圆球状，呈紫红色或浅黄色。输尿管内充满白色尿酸盐沉积。皮下出血。

【防治措施】　消除致病因素，加强饲养管理。

五、聚醚类抗生素中毒

聚醚类抗生素又名离子载体药物，主要包括盐霉素、莫能菌素、马杜霉素、拉沙里菌素等，该类药物的作用机理为不可逆地杀伤球虫细胞。但聚醚类抗生素药物浓度高时，也会对机体细胞产生杀伤作用，导致细胞坏死。中毒症状与细胞外高钾、细胞内高钙有关。

【发病原因】　未按规定使用抗生素，盲目加大剂量，或同类药物同时使用造成中毒。

【临床症状】　病鸡初期兴奋亢进，口吐黏液，乱飞乱跳。随后表现出抑制状态，精神不振，两翅下垂，羽毛蓬松，饮食减少，有的口流黏液，嗉囊积食，两腿无知觉，不愿活动，发生瘫痪。病鸡俯卧于地，颈腿伸展，头颈贴于地面，症状较轻的病鸡出现瘫痪，两腿向外侧伸展。病鸡排稀软粪便，最后口吐黏液而死。成年鸡除表现共济失调、神经麻痹症状以外，还表现为产蛋率下降，呼吸困难。慢性中毒病例除表现一般症状外，还表现为腹泻、腿软、增重和饲料转化率低，生长受阻。

【病理变化】 病鸡肝脏肿大、质脆、易碎、瘀血。十二指肠黏膜弥漫性出血，肠壁增厚，肌胃角质层易剥离，肌层轻微出血。肺出血。肾脏肿大、瘀血。心冠脂肪出血，心外膜上出现不透明的纤维素斑。腿部及背部肌纤维苍白萎缩。

【防治措施】 停止饲喂含聚醚类抗生素药物的饲料，更换饲料。用5%的葡萄糖饮水，可加入维生素 C；注射抗氧化剂维生素 E 和亚硒酸钠溶液，降低聚醚类抗生素的毒性作用。

预防该病的发生要注意按药物使用说明用药，不盲目加大药物剂量，严禁混合使用同类药物。药物使用前注意弄清有效成分，避免将同药不同名的药物一起使用。

六、磺胺类药物中毒

磺胺类药物是一类广谱化学治疗药物，能抑制大多数革兰阳性菌和革兰阴性菌，对抗球虫也有较好效果，是防治鸡病的常用药。但磺胺类药物安全范围小，中毒量和治疗量很接近，如过量使用或长时间使用，则容易发生中毒现象，特别是肠道易吸收的磺胺类药物更易中毒。

【发病原因】

（1）用药剂量过大 各种磺胺类药物的安全使用量和安全使用期限不同，若盲目增加用量或延长药物使用时间就会引起中毒。每种药物都应按照使用说明合理用药，不可超剂量使用。

（2）使用时间过长 磺胺类药物有不同的安全使用时间，一般连用5~7 天，用药时间过长也能引起中毒。

（3）以片剂或粉剂加入饲料时搅拌不匀 使用片剂或粉剂的磺胺类药物拌料时搅拌不匀，易使个别鸡摄入量过大，造成中毒。

【临床症状】 磺胺类药物中毒造成病鸡骨髓造血机能减弱，免疫器官抑制，肝脏、肾脏等功能障碍。急性中毒主要表现为亢奋不安，摇头、厌食、腹泻、惊厥、麻痹等症状。慢性中毒为用药时间过长引起，表现为羽毛蓬乱，精神沉郁，双翅下垂，严重贫血，头面部及肉髯苍白，饮食减少，饮水增加，腹泻或便秘，增重受阻。产蛋鸡产蛋量下降，软壳蛋、无壳蛋增多，蛋壳粗糙。

【病理变化】 病鸡皮肤、肌肉、内脏器官等多处出血，冠、肉髯、面部、眼前房及胸和腿部肌肉都会出现出血现象（彩图 32），心肌出现刷状出血。生长鸡骨髓由深红色变为粉红色或黄色；肠道有点状或斑点状出血，盲肠腔内含有血液；肝脏肿大，颜色变浅，呈浅红色或黄色，有散在出血和局灶性坏死；脾脏肿大，有出血点和灰白色梗死区。

【防治措施】

1）科学用药，严格控制药量和用药时间，一般用药不超过 1 周，用药拌料时一定要搅拌均匀。

2）用药期间给予鸡充足饮水，同时给鸡服用碳酸氢钠，其剂量为磺胺类药物剂量的 1～2 倍，防止结晶尿和血尿的发生。

3）中毒发生时应立即停药，更换饲料，多饮水，并饮用 1%～2%的碳酸氢钠溶液，提高机体耐受能力和解毒能力。车前草水、维生素 C 溶液和 5% 葡萄糖溶液对该病均有一定疗效。

七、喹乙醇中毒

喹乙醇是一种高效抗菌剂，而且能促进生长。因其用量小、价格低、使用方便且不易产生耐药性，在鸡养殖中被广泛使用。但喹乙醇安全范围较小，易发生中毒现象。

【发病原因】

1）对喹乙醇性质了解不够，误以为用量越大效果越好，超剂量使用，未按规定的添加剂量使用，导致鸡中毒。

2）使用喹乙醇拌料时未搅拌均匀，使部分鸡中毒死亡，部分鸡未达到治疗效果。

3）饲料中重复添加了喹乙醇，或同一成分不同名字的药物同时使用，导致药剂用量过大而引起鸡群中毒。

4）个别分装、销售公司未按规定注明喹乙醇的含量和应用剂量，导致应用失误。

【临床症状】　病鸡精神萎靡，食欲减退甚至不食，羽毛松乱，呆立，不喜运动，冠呈紫黑色，饮水增加，粪便稀薄，最后衰竭死亡。

【病理变化】　病鸡口腔内有大量黏液；血液凝固缓慢；心肌弛缓，心外膜严重出血、充血；肺部充血、出血现象严重，呈紫黑色；肠黏膜出血并存在不同程度的脱落；体内多器官出血、充血，如肝脏、肾脏肿大、出血，泄殖腔出血。

【防治措施】 掌握喹乙醇安全用量，喹乙醇在饲料中的添加量为0.0035%～0.005%。拌料时一定要混合均匀且避免重复添加。发生中毒后，立即停止饲喂混有喹乙醇的饲料，对鸡采取对症治疗措施，口服补液盐或5%葡萄糖，同时用维生素C制剂25～50毫克给每只病鸡每天饮水、拌料或肌内注射进行解毒。

八、喹诺酮类药物中毒

喹诺酮药物是一类广谱、高效、低毒的药物，现成为很多感染性疾病的首选药物，使用频率仅次于青霉素类。常用的有恩诺沙星、达氟沙星、环丙沙星、二氟沙星、沙拉沙星等。

【发病原因】 喹诺酮类药物超量使用。

【临床症状】 鸡群精神不振，垂头缩颈，眼睛半闭或全闭，呈昏睡状态；羽毛松乱，无光泽；饮食量下降；病鸡不愿走动，双腿不能负重，匍匐倒地，对刺激有反应，但不能自主站立，多侧瘫；喙、趾、爪、腿、翅、胸肋骨柔软，可任意弯曲，不易断裂；粪便稀薄，呈石灰渣样，中间带有绿色。

【病理变化】 剖检可见嗉囊、肌胃、腺胃内容物较少，肠黏膜脱落，肠壁变薄，有轻度出血；肝脏瘀血、肿胀；肌胃与腺胃交界处出现溃疡；肾脏、心脏、脑、小肠黏膜、肺、胸腺、法氏囊、脾脏充血、出血、水肿。

【防治措施】 立即停止饲喂含喹诺酮类药物的饲料，对中毒鸡采取对症治疗措施，同时可用维生素C溶液和3%葡萄糖溶液饮水。

九、食盐中毒

食盐是维持鸡正常生命活动所必需的物质，是日粮中必需的营养成分，主要用于补充钠，一般以0.25%～0.5%的比例添加在饲料中，维持肌肉的正常活动和鸡体的酸碱平衡。食盐还可增加饲料适口性，增强食欲，但若采食过多，则发生中毒。

【发病原因】

1）饲料中食盐含量过多或口服补液盐过量，若食盐含量超过2%就有中毒的可能；超过3%就会引起中毒；超过5%则引起鸡的死亡。

2）饲料中食盐颗粒大小不一或搅拌不匀，部分鸡采食食盐量过多，引起中毒。

3）不同品种、不同年龄的鸡对食盐的耐受力不同，雏鸡较为敏感。

4）饮水质量较差，水中含有较高的盐分，引起中毒，饮水不足会加重食盐的中毒；环境温度过高，机体丧失大量水分，对食盐耐受力下降，引起中毒。

【临床症状】 鸡大量摄入食盐后，直接刺激胃肠黏膜引起炎症反应。临床上表现为食欲废绝，口渴严重，饮水增加，争抢水喝；嗉囊扩张，较软，内含有大量液体；鼻或口中流黏性分泌物；腹泻，下痢，排水样粪便；呼吸困难，运动失调，最后瘫痪，因呼吸衰竭而死。雏鸡发生中毒后常出现神经症状，以头抢地，胸腹朝天，两脚乱蹬，头仰向后方，头颈不断旋转，鸣叫不止，最终麻痹而亡。

【病理变化】 剖检发现消化道黏膜出现卡他性炎，嗉囊黏膜脱落，充满黏液性液体，肠道明显充血、出血，肠黏膜脱落，肠道内有稀软带血的粪便。皮下有浅黄色胶冻样水肿。腹腔中有大量黄白色液体，心包积液，肠黏膜出血，肝脏呈土黄色，肺出血，脑水肿。

【防治措施】 严格控制饲料中食盐的含量，一般不超过0.3%，特别是对雏鸡更应该小心谨慎，严格限制饲料中的食盐含量，谨慎添加未经测定食盐含量的鱼粉。提供清洁、新鲜、不含盐的饮水，让鸡少量多次饮用。发生食盐中毒时，应停止饲喂含食盐的饲料和饮水，饮用1%的葡萄糖，轻者一般可痊愈，重者往往预后不良。

十、氟中毒

氟参与机体正常代谢，促进牙齿和骨骼钙化，对于神经的传导和参与代谢的酶系统都有一定的作用。氟中毒在养鸡业多为无机氟中毒。

【发病原因】 自然饲养环境中含氟量过高，可引起鸡中毒。金属冶炼厂、化肥厂、炼铝厂等排放的污染物可对鸡造成潜在危险。长期采食未经脱氟处理的饲料是导致鸡氟中毒的主要原因。

【临床症状】 发病鸡饮欲、食欲下降，羽毛逆立无光，生长迟缓，身体消瘦，站立不稳，骨质疏松，行走时双脚向外叉开，呈八字形，跗关节肿大、僵直，出现跛行、瘫痪倒地不起，最后器官衰竭而死。产蛋鸡产蛋减少，软壳蛋、畸形蛋、砂壳蛋、破壳蛋增多。

【病理变化】 剖检急性氟中毒病鸡可见出血性胃肠炎的病变，心脏、肝脏、肾脏瘀血、出血。慢性氟中毒病程较长，可见雏鸡消瘦、营养不良，长骨和肋骨柔软，肋骨与肋软骨、肋骨与椎骨结合处呈球状凸起。喙苍白，质地软，导致采食困难。有些鸡还可能出现心包、胸腔、腹腔积液，心脏、肝脏、脂肪变性，输尿管有尿酸盐沉积，肾包囊和肠系膜上的脂肪呈胶冻样水肿等。

【防治措施】　在洁净适宜饲养鸡的环境中养殖，选择经过脱氟处理的饲料。对已经中毒的鸡及时治疗，更换合格饲料，在饮水中加入多种维生素，也可添加硼砂、硒制剂、铜制剂等。

十一、黄曲霉毒素中毒

黄曲霉毒素是黄曲霉、寄生曲霉的一种代谢产物，具有致癌作用，导致人类和畜禽肝脏损伤和肝癌。植物种子最易感染黄曲霉毒素，如花生、玉米、黄豆、棉籽等。鸡中毒是由于饲料中使用被感染的种子及其副产品所导致的。

【临床症状】　雏鸡急性发病居多，多发于2~6周龄，食欲下降，生长不良，衰弱，贫血，冠苍白，排出白色稀粪，腿麻痹跛行，死亡率高；成年鸡较雏鸡耐受力强。慢性中毒时，症状不明显，主要表现为食欲减少、衰弱、贫血及恶病质。病程久者，可发生肝癌，蛋鸡产蛋率下降，孵化率降低。

【病理变化】　急性中毒时肝脏肿大，色浅苍白，有出血斑，胆囊扩张，肾脏肿大、出血，十二指肠有卡他性炎或出血性炎。慢性中毒时可见肝脏呈浅黄褐色，有多灶性出血和不规则的白色坏死病灶及脂肪含量增加。

【防治措施】　该病无特效解毒剂，以预防为主。饲料应妥善保存，防止在阴暗潮湿处发霉变质。对已被污染的场所，用福尔马林、高锰酸钾水溶液熏蒸，进行彻底消毒。若发现中毒现象，及时废弃变质饲料，饲喂时加大多维素、蛋白质、脂肪的含量，在饲料中加入活性炭也可起到一定的吸附毒素的作用。

十二、甲醛中毒

甲醛具有极强的还原性，能使蛋白质变质，呈现强大的杀菌作用，养殖生产中用甲醛进行熏蒸消毒，消毒效果好。但甲醛对呼吸道、消化道黏膜及眼结膜具有很强的刺激性和腐蚀性，对消化道和视力造成损伤，如中毒，会导致鸡不能饮水、进食，最后脱水、饿死。带鸡熏蒸时甲醛的正常浓度为 7 毫升/米^3，且时间不宜过长，熏蒸后要及时排出含甲醛的气体，否则容易发生中毒。

【临床症状】　急性中毒时，鸡群不喜欢走动，挤成一堆，眼紧闭，不能寻食寻水，眼烧灼、流泪、畏光，眼睑水肿，角膜炎，流鼻涕，咳呛，呼吸困难，喉头及气管痉挛，肺水肿，甚至昏迷死亡；慢性中毒者嗜睡，采食量下降，软弱无力，心悸、肺炎、肾脏损害，酸中毒，甚至昏迷死亡。孵化率降低，死胎增加。

【病理变化】　病鸡喙部乌青，脚趾干燥，眼结膜潮红、出血，皮下水肿，腹腔积液，肺潮红、充血、坏死，后期出血、坏死增多，有的肺有散在性、局限性的炎性病灶，口腔、气管潮红，内有黏液渗出物，还可见坏死性伪膜斑。

【防治措施】　注意甲醛的用量和时间，甲醛熏蒸消毒完成后及时通风，至鸡舍在高温下无刺激眼鼻的气味时方可投入使用。发现中毒者，及时给予新鲜空气，使用抗生素防止继发感染。禁用磺胺类药物，对症治疗，用清洁水清洗病鸡眼睛。

参 考 文 献

［1］刁有祥. 简明鸡病诊断与防治原色图谱［M］. 2 版. 北京：化学工业出版社，2019.

［2］刘建柱，牛绪东. 图说鸡病诊治［M］. 北京：机械工业出版社，2015.

［3］刁有祥. 禽病学［M］. 北京：中国农业科学技术出版社，2012.

［4］陆承平. 兽医微生物学［M］. 5 版. 北京：中国农业出版社，2013.

［5］孙卫东，孙久建. 鸡病快速诊断和防治技术［M］. 北京：机械工业出版社，2014.

［6］孙卫东. 土法良方治鸡病［M］. 2 版. 北京：化学工业出版社，2014.

［7］孙卫东，叶承荣，王金勇. 鸡病防治一本通［M］. 福州：福建科学技术出版社，2005.

［8］张秀美. 鸡常见病快速诊疗图谱［M］. 济南：山东科学技术出版社，2012.

［9］郭玉璞. 鸡病防治（修订版）［M］. 北京：金盾出版社，2012.

［10］陈鹏举，曾昭烨，赵全成. 鸡病诊治原色图谱［M］. 郑州：河南科学技术出版社，2011.

［11］孙桂芹. 新编禽病快速诊治彩色图谱［M］. 北京：中国农业大学出版社，2011.

［12］崔治中. 禽病诊治彩色图谱［M］. 2 版. 北京：中国农业出版社，2010.

［13］王新华. 鸡病类症鉴别诊断彩色图谱［M］. 北京：中国农业出版社，2009.

［14］刘建柱，牛绪东. 常见鸡病诊治图谱及安全用药［M］. 北京：中国农业出版社，2011.